植物四季课堂

李广旺 主编

明冠华　辛蓓　于志水 副主编

中国林业出版社
China Forestry Publishing House

图书在版编目（CIP）数据

植物四季课堂 / 李广旺主编 . -- 北京：中国林业出版社，2021.10
ISBN 978-7-5219-1321-7

Ⅰ . ①植… Ⅱ . ①李… Ⅲ . ①植物－青少年读物 Ⅳ . ① Q94-49

中国版本图书馆 CIP 数据核字 (2021) 第 169665 号

责任编辑	李 敏　王美琪
出版发行	中国林业出版社
	（100009 北京西城区刘海胡同 7 号）
邮　箱	8561611@qq.com　505059659@qq.com
电　话	010-83143575　83143548
印　刷	河北京平诚乾印刷有限公司
版　次	2021 年 10 月第 1 版
印　次	2021 年 10 月第 1 次
开　本	787mm×1092mm　1/16
印　张	17
字　数	210 千字
定　价	99.00 元

前　言

　　党的十八大报告将生态文明建设提到前所未有的战略高度，不仅在全面建成小康社会的目标中对生态文明建设提出明确要求，而且将其与经济建设、政治建设、文化建设、社会建设一道，纳入社会主义现代化建设"五位一体"的总体布局，可见生态文明建设的重要性。

　　当下我们每个人都能够真真切切体会到我国生态文明建设的成果。最初习近平总书记提出的"绿水青山就是金山"可能有人不理解，但是现在的成果证明了总书记论断的正确性。很多以前偏僻贫穷的地方，现如今就是靠着绿水青山种植和养殖着绿色有机农产品，吸引着越来越多的城市人群来旅游体验，也正是良好的生态环境为我们国家脱贫奔小康起到了卓著的助推作用。

　　人们对于植物司空见惯、习以为常，那么我们为什么要研究植物呢？可以说没有植物就没有人类，植物提供我们所需的大部分氧气，同时净化空气；提供了我们所需要的能量，如食物、燃料等；植物还可以固定二氧化碳，以减少其对臭氧层的破坏，从而降低灾难性天气的发生频率；植物也是新型药品的来源，还为造纸和纺织提供纤维原料，是可再生产品的来源。民以食为天，随着全球人口的不断增长，需要更多的粮食供给，所以就要研究农作物如何提高产量，如何培育出抗旱、耐热、抗病虫害、营养丰富的新型作物，以满足人口日益增长的需求。所以研究植物可增加对生命的基本认识，帮助我们与植物成为朋友，有利于更合理地利用植物资源，保护植物和环境，与自然和谐相处。

植物是我们的朋友，要正确地认识它，合理地利用它，最终使人类与环境进入到良性的循环轨道。要做到这一点，我们就要对植物有深入的认识，掌握植物的生长规律。如何真正认识植物和掌握植物内在规律，需要我们不断学习和研究。《植物四季课堂》会带着你徜徉植物的海洋，逐步认识它、学习它、了解它，当你掌握了植物的相关知识以后，你就会更加合理地利用它、保护它，你将和植物逐渐成为真正的朋友。星星之火，可以燎原，当每一个你都加入这个队伍以后，我们的生态文明建设才能真正修成正果。

本书内容分为"自然观察知识篇"和"动手体验技能篇"两部分。"自然观察知识篇"以植物的六大器官为主线，结合小学科学课课标，挑选有趣的内容进行撰写，用通俗的语言来阐述专业性的知识，每部分都有与我们生活密切相关的内容，从点点滴滴中体会到植物是我们的朋友。"动手体验技能篇"是配合"自然观察知识篇"的内容而设计的，通过动手体验让我们更加深入地认识植物、了解植物，而且在活动中锻炼了动手能力，为孩子们更好地学习和生活提供了帮助。

自然观察知识篇："根"由王鹏、辛蓓编写，"茎"由师丽花编写，"叶"由马凯编写，"花"由明冠华、魏红艳、陈建江编写，"果实"由于志水、刘鹏进、李艳慧编写，"种子"由赵芳、李朝霞、杨天编写。动手体验技能篇："探究种子生活力"由李朝霞编写，"'定制'月季""种子称量大比拼"由魏红艳编写，"巧手捏根茎"由辛蓓编写，"水培吊兰"由龙磊编写，"花的团队""花儿为什么这样红"由陈建江编写，"生态学家初体验""养蚯蚓制堆肥"由明冠华编写，"巧手制作叶脉书签""植物叶脉化石制作"和"芳香油的提取"由刘朝辉编写，"叶叶各不同"由马凯编写，"草木染""为大自然做笔记""植物项链 DIY"和"创意植物书签"由左小珊编写，"植物吸尘器"由师丽花编写，"'果'然有趣""比比谁更'甜'"由李艳慧编写，"水果 VC 含量比较""空中'冒险家'"和"中草药神奇的果蔬保鲜剂"由刘鹏进编写，"内脂豆花的制作"由赵芳编写，"纸上种植芽苗菜""年轮密码"由杨天编写，"多肉扩繁美化校园""我们一起种蒜黄"由王鹏编写。

  本书能够顺利出版，感谢首都绿化委员会办公室的支持，感谢李敏老师的辛苦付出，感谢领导和同仁的支持帮助。

  由于编者水平有限，书稿中纰漏之处在所难免，敬请批评指正。

编 者

2021 年 3 月

目录

前言

自然观察知识篇

植物的根 /2
    一、导入 /2
    二、根的分类 /2
    三、根的作用 /7
    四、根的生长变化 /9
    五、有趣的根 /13
    六、根与生活 /15

植物的茎 /19
    一、导入 /19
    二、茎的基本形态 /20
    三、茎的生长变化 /23
    四、多变的茎 /27
    五、茎的生理功能 /31
    六、茎与生活 /31

植物的叶 /38
    一、导入 /38
    二、叶的功能 /38
    三、叶的组成（以被子植物为例）/41

    四、形形色色的叶 /42
    五、奇特的叶 /56
    六、叶的防御 /60
    七、叶与生活 /62

植物的花 /66
    一、导入 /66
    二、花的组成 /66
    三、花序 /72
    四、花的传粉 /75
    五、花的生长变化 /82
    六、有趣的花 /83
    七、花与生活 /86

植物的果实 /94
    一、导入 /94
    二、果实的类型 /94
    三、果实类型与传播 /96
    四、有趣的果实 /100
    五、果实与生活 /104

植物的种子 /106

一、导入 /106
二、有趣的种子 /106
三、种子的旅行 /112
四、种子的结构 /115
五、种子的萌发 /117
六、种子与生活 /120

动手体验技能篇

春 /124

探究种子生活力 /124
"定制"月季 /129
多肉扩繁·美化校园 /135
花的团队 /141
花儿为什么这样红 /147
为大自然做笔记 /155

夏 /160

芳香油的提取 /160
巧手制作叶脉书签 /164
水培吊兰 /168
叶叶各不同 /174
创意植物书签 /179
植物吸尘器 /184
植物叶脉化石制作 /188

秋 /192

"果"然有趣——果实结构大探索 /192
比比谁更"甜" /197
空中"冒险家" /202
年轮密码 /207
水果维生素C含量比较 /212
中草药——神奇的果蔬保鲜剂 /217
种子称量大比拼 /223

冬 /227

草木染 /227
内脂豆花的制作 /234
巧手捏根茎 /238
养蚯蚓 制堆肥 /243
植物项链DIY /249
纸上种植芽苗菜 /254
我们一起种蒜黄 /260

自然观察知识盲盒

植物的根

一、导入

"盘根错节""根深叶茂""落叶归根",这些成语或多或少都道出了根的特征以及对于植物的重要意义。虽然植物的根并不像美艳的花朵、翠绿的叶子、酸甜的果实那样存在感十足,而且我们身边的植物大都把根深深地藏在地下不为人所见。可以观察一下,如家里的盆栽植物水浇多了发生"烂根",或者在给植物移栽换盆的时候损伤到了主根,是有可能会造成"灭顶之灾"的。所以说,存在感略低的根对于植物是有着不可替代的作用的。

"颜值过低""了无趣味",赶快删除脑海里这些对植物根的固有印象,让我们重启目光,以全新视角来认识它吧!

二、根的分类

到菜市场买菜是一种认识植物根的便捷方式,当然在这个过程中你的关注点肯定会被蒜薹、西兰花、茄子、西红柿这些植物的花和果实带走,不要怪这些争奇斗艳的植物器官,为了繁衍生息它们是必须要拼尽全力的。让我们努力把注意力放回到根上吧,各种萝卜、红薯、山药都是完完整整的根,葱、蒜基部白色胡须状的结构也是根,还有菠菜、香菜的叶丛基部拖着的长尾巴也是根。如果你逛的菜市场种类丰富，你还可能会见到豆薯、芜[wú]菁（也叫蔓菁[màn jīng]）等不太常见的蔬菜，它们也是根。说到这些以根为主要食用部位的蔬菜，我们就不得不引入一个听到一次就不会忘的专有名词——变态根。别怕，这个"变态"不是病，也不会传染给曾吃过它的你，而是植物根在长期的发育进化过程中应对外界环境变迁所形成的一种形态改变、功能特化的表现，发生变化的根就被称为变态根，这种"变态"是会世代遗传的，是一种稳定健康的"变态"。这些通常因增粗而变得肥大的根里会储藏更多的营养物质，让人吃起来不仅口感味道好而且能够为植物生长提供更多能量，所以变态根就成了我们经常能在厨房里见到的食材。

香菜的"长尾巴"直根

芜菁

五颜六色的胡萝卜

粗大的红薯

你发现了吗，上面提到的各种根，从外观上看其实可以分成两大类：一类是有一条明显的主根周围有各级分枝侧根的叫直根系（根系就是一株植物地下部分的根的总和），比如萝卜、菠菜的根都是这样的；另一类则是没有明显主根侧根差别的叫须根系，它所有根的粗细较均匀，呈丛生状态，比如葱、蒜。如果把视野放到大自然中，我们会发现绝大多数的双子叶植物，如柳树、蒲公英和松树，以及银杏等裸子植物具有直根系，而单子叶植物，比如狗尾草和郁金香，还有各种蕨类植物都是须根系类型。也有一些植物的根系形态是能发生变化的，在疏松的土壤中发育成直根系，在紧实的土壤中发育成须根系。

菠菜的直根系

柠檬树直根系

洋葱基部也有胡须状的须根

豆薯的直根

郁金香须根系

你可能还听说过**不定根**这个词。简单来说，除了由种子发育而成的主根及其侧根以外，其他的根都属于不定根。比如常春藤枝条上胡须状的根，水培富贵竹茎上细长的根，落地生根叶片边缘生出小植株的根。

水培富贵竹茎上长出的不定根

常春藤用触须状的不定根攀附在墙上

落地生根叶片边缘小植株上的根

你也许有疑问了，怎么没看到莲藕、土豆、姜的身影呀？它们不也是根吗？

千万不要被它们藏在地下的表象所蒙骗了，它们都是植物的变态茎，与变态根一样，是形态发生变化了的茎。莲藕一节与一节相连，土豆、姜上也分别具有弧形和环状的节，而且在它们的节上会发芽，这都是植物茎具有的特征，所以记住这两点就能把根与茎分个八九不离十了。

三、根的作用

照料一棵植物必不可少的步骤之一就是浇水了，毫无疑问我们会把水浇到土壤中，接下来水慢慢渗入土壤，来到根的周围，通过根表面的根毛进入到植物体中。顺着这股水流土壤中的矿物质也会一并被吸收进入植物体，这就是根最基本的功能了。如果你有机会尝试水培吊兰、风信子的话，你会清晰地看到洁白的根表面上有一层毛茸茸的结构，那就是根毛了。

你是否尝试过拔起一棵完整的蒲公英或紫花地丁呢？是的，我试过，经过无数次拔断叶子还有摔倒后还是无法将根完全拔出。当然，这样的介绍不是为了鼓励大家加入"春季挖野菜大军"，而是邀你一起赞叹根深扎土壤、牢牢固定植物体的奉献精神。根通常分布在地下，但是也不尽然。比如玉米的支柱根会从茎秆靠近地面的地方分几层扎向地面，像一些分布于滨海地区的乔木，为了在被潮水淹没时获得保护，它的根变成了像是硬化了的海带一般延展向四周，这样的根被贴切地称为板根。

板根间的空间可以容纳人与其合影

玉米支柱根

紫花地丁的长根

落羽杉的屈膝状根

水培风信子根毛

  植物的各个器官总是用尽浑身解数来适应多变的环境，根也不例外。除了吸收、固定的作用以外，一些植物的根还肩负着其他重任。比如胡萝卜、甜菜，它们会在第一年的生长过程中拼命地合成糖分并储存到胖胖的根中，这些糖分用于第二年花朵的生长和种子的发育，要知道繁殖后代是非常耗费能量的。

  红树这种生态圈的"网红"物种想必你一定知道，它除了从树干上发出能够支撑树体不被海浪冲走的根以外，还会从深埋于海底的根上长出直立呈宝塔状钻出水面的呼吸根，帮助根部自由地呼吸新鲜空气。生长在湖边河岸的落羽杉，其根也会如平躺的人弯曲起膝盖一般，拱出地面向上生长，只为能顺畅进行呼吸，植物学家将这种呼吸根叫作屈膝状根。

自然观察知识篇

四、根的生长变化

首先,让我们一起跟随老师见证5种草本类农作物的根,在10天时间里的生长发育过程吧。

生长发育过程	白萝卜	荞麦	豌豆	小麦	玉米
浸种催芽					
	5种植物的种子喝饱了水,静待发芽。你猜猜先露头的是胚根还是胚芽呢?				
长出胚根	 萝卜棕红色的种皮被撑破了,首先露出了白色弯曲的胚根。随后黄色的子叶也逐渐显露出来	荞麦的种子比较含蓄,从种子顶端钻出嫩白嫩白的胚根	 豌豆的种子变得圆润饱满了很多,拖着一条白色的尾巴,就是胚根	 小麦籽粒的一端长出了一个白色的突起,这也是胚根	 玉米籽粒因为吸饱了水,胚根从小头的一端努力突破外种皮

为了让根有充足的生长空间,我把已经萌出胚根的种子们移到了种子萌发袋中,这样也会比种到土壤中方便观察。萌发袋的结构很简单,外层是一个透明带有刻度的塑料外膜,中间是一张不易破损的吸水纸,纸的上方折成一个沟槽,用来装种子。沟槽底部有孔,供根生长通过

（续）

生长发育过程	白萝卜	荞麦	豌豆	小麦	玉米
移入萌发袋第3天	萝卜的胚根向下生长，成为主根。在靠近上方的地方有一圈毛茸茸的结构，叫作根毛，是吸水的主要区域。此时根的平均深度为5.7cm	荞麦一改含蓄的风格，长出了洁白而强壮的根，也带着毛茸茸根毛。此时根的平均深度为3.4cm	豌豆的胚根发育的强壮有力，基部还发出了须根。此时根的平均深度为4.8cm	小麦的胚根在发育伸长的同时，周围还发出了许多不定根。此时根的平均深度为4.7cm。每个籽粒平均发出5条粗细相当的根	玉米的胚根在发育伸长的同时，周围有不定根发出。此时根的平均深度为4.7cm。每个籽粒平均发出1.8条粗细相当的根
移入萌发袋第4天	根的平均深度增加到8.5cm的位置。在根的基部还发出了许多细细的分支，这就是侧根	根的平均深度增加到5.0cm的位置。在主根伸长的同时，也长出了向四周伸展的侧根。侧根显得比主根细很多	根的平均深度增加到6.0cm的位置。侧根的数量和长度也显著增加	根的平均深度增加到7.8cm的位置。此时每个籽粒平均发出5.4条根	根的平均深度增加到6.6cm的位置。此时每个籽粒平均发出2.4条根

自然观察知识篇

（续）

生长发育过程	白萝卜	荞麦	豌豆	小麦	玉米
移入萌发袋第6天	主根还在不断伸长，平均深度达到9.9cm的位置。侧根并没有明显伸长	主根还在不断伸长，平均深度达到8.9cm的位置。侧根也在不断伸长	主根还在不断伸长，平均深度达到8.5cm的位置	根系还在不断伸长，平均深度达到9.3cm的位置	根系还在不断伸长，平均深度达到8.4cm的位置。此时每个籽粒平均发出5条根
根系观察	有一条明显的主根，从主根基部发出几根较短的侧根，顺着主根延长的方向也有一些更短的侧根发出	有一条不太明显的主根，从主根基部发出的侧根与主根长度相当，有些甚至长于主根	有一条明显的主根，在主根的基部、中部都有侧根发出。主根粗壮有力	有5条粗细相同的根，其中一条是胚根发育而成的。其他根为不定根，发出的位置在胚根发出位置的周围	除了胚根发育成的根，从胚轴上发出了许多条不定根，这些根粗细比较均匀。不定根也会长出侧根

接着,再感受下木本植物麻栎的一枚种子,历时两个多月长成为一株"小树",这一过程中整株植物及根的生长变化。

麻栎树生长过程

五、有趣的根

蝴蝶兰伸出花盆的气生根

气生根：揉揉眼睛，不是爱生气的根，而是生活在空气中的根。这种根常见于生活在温暖潮湿环境中的植物，比如各种附生兰花，春节假日走亲访友时互赠的开着艳粉色大花的蝴蝶兰就是这样一种有气生根的兰花。诶？不对呀，它的根分明被塞在花盆里，没有在空气中呀！"哎呦！挤死我啦！我都伸不开腿啦！"如果蝴蝶兰会说话，这恐怕会是它说出的第一句话。原本生活在雨林树梢间的兰花可以将根舒展地摇曳在潮湿的空气中，自由地吸收雨水和雾气中的水分。虽然没有扎根在土壤中，这些附生植物的根可以把植物体牢牢地固定在大树的表面，使其可以高于一般的植物而获得更多的阳光。不过一旦远离了原本的生活环境，还是把它们的根老老实实地塞在花盆里保持湿润比较好。

根瘤：你会不会误认为长瘤的根就是生病了呢？其实这种长根瘤的植物不但没有生病，反而长得更好了呢。氮元素是植物不可缺少的营养物质，随便找一瓶肥料，你都可以找到这个"氮"字，它是植物枝繁叶茂的必备元素。像豌豆、蚕豆以及被俗称为三叶草的白花车轴草都和土壤中的一类被称为根瘤菌的细菌签署了友好合作"协议"。"协议"中规定了植物的根为根瘤菌提供容身之所以及基本的食物和水，而根瘤菌则利用自己的"固氮超能力"把空气中的氮气转化成植物体喜爱的氮肥形式有偿供给植物体使用。如果把一棵豌豆带根挖出来，发现在根上有一些圆球状的结构就是根瘤，这就是植物体与根瘤菌友好邦交的证明，像豌豆这样的植

豆科植物的根瘤

物就被称为固氮植物。在农业生产中，农民伯伯为获得更好的收成特别喜欢在栽种过固氮植物的土地里种植其他的农作物。

吸器：在植物界还有这样一类植物，它们好像有点"生活不能自理"。比如低矮山区的草丛中可能会见到的一种黄色细丝状的植物——菟丝子。它没有像其他植物的根一样扎入土壤中吸收水分和营养，而是从细嫩的茎上长出被称为吸器的瘤状突起，毫不客气地伸入到寄主植物的茎中直接获取"革命果实"，哦不，是光合作用的产物。你可以近似地理解成菟丝子伸出数根吸管来喝你的珍珠奶茶。你不用担心它会把寄主植物的营养全部吸干，因为吸干了它显然也就活不了多久了。

菟丝子靠吸器吸取葎草的养料

收缩根：风信子和很多球根植物都具有能够收缩的根。这是一种什么神技呢？这类原产地在冬季冷凉、夏季干旱地区的植物看起来很惨，承受着来自夏日烈日与冬日冰雨的暴击。但是在活得不那么舒坦时，也会用尽全身解数改善自己的生活环境。收缩根通过增粗、伸长与皱缩将球根拉向土壤深处环境条件更稳定的地方，以至于不会让地面表层水分、温度的变化影响到种球的美梦。

风信子的根

六、根与生活

（一）物质资源

  白萝卜炖牛腩、摊胡萝卜丝饼、烤白薯……听起来就要流口水，这是植物的根与我们最常见也最直接的联系——吃。有一种你可能没有听说过的植物叫木薯，它的根长得像"皮肤"更糙的白薯。它与非洲人民关系最为密切，是他们的主粮，而在你的生活中能见到木薯的场景可能只是在各种带有芋圆、紫薯圆的甜品中，这些"圆"字辈成员的 Q 弹口感就来自于木薯淀粉。黑松露巧克力听上去就有一种莫名的高级感，它与根有什么关系呢？原来呀，松露原名块菌（请继续叫我的艺名），是一种野生食用真菌。但是这个真菌和根瘤菌类似，也需要借助松树、橡树等大树的树根获得养料，维持生存。由于其不能像金针菇、香菇一样人工种植，所以像黑松露炒饭这样的美食中只能若隐若现地见到松露的身影。不过我们能尝到松露这种被形容为蒜头、蜂蜜、肉桂混合香气的珍贵真菌也要感谢树根的功劳啦。

  人参、丹参、党参、沙参、海参（最后这个显然与前边不是一个队列的，请下线重新登录）。这些名为"某参"的植物多是因为根部形态像人参且具有药用价值而得名，其中丹参因其根部红色而名"丹"，党参因其产于山西上党而名"党"。除了名字里带参的，像桔梗、柴胡、葛也都是以根作为入药部位的中草药植物，比如在我们非常熟悉的著名中成药"感冒清热颗粒"中就能同时见到这三种中草药植物。

除了当作食物或药物,植物的根在绿水青山建设方面也有不小的贡献。记得2000年左右,雾霾还没有登上历史舞台,称霸恶劣天气榜首的还是沙尘暴。想必"00后"们都不知沙尘暴为何物,而将漫天沙尘"封印"在沙漠里的是梭梭、柽柳、沙拐枣、沙蒿等沙漠卫士,它们不惧干旱炎热,根系能够长到地上部分的8~10倍之多。这张硕大的"根网"能够将流动性极强的沙粒牢牢地困住,不为狂风所动。没有了沙尘暴的春天,我们可以尽情赏花踏青,在你感叹迷人春色的同时也不要忘记那些坚守沙地的绿色生灵呀!

图中左下为桔梗的根,颇有触手系的风范

(二)精神财富

根雕、手串都是收藏家们喜爱的物件。根雕是中国传统雕刻艺术之一,是以树根的天然形态为艺术创作对象,通过加工,创作出人物、动物等形象的作品。而手串本是具有佛教信仰人的念珠,因其材质具有艺术美感或收藏价值逐渐演变为"万物皆可盘"的一员。制作这类工艺品的根材应具有材质坚硬、细腻、不易龟裂变形的特性,如黄杨、檀木、榉木等都是根雕造型上好的木料选择;而老榆木、暴马丁香、楸木树根都可做成手串。人们欣赏植物根部的形态、木料的花纹、细腻的光泽,将它们制成工艺品、摆件装点生活,给人以美的感受。

自然观察知识篇

"有人说,何首乌根是有像人形的,吃了便可以成仙……却从来没有见过有一块根像人样。"这是鲁迅《从百草园到三味书屋》中要求背诵段落中的一句。百草园中的何首乌与紫红的桑葚、高大的皂荚树一道为鲁迅的童年增添了不少趣味。何首乌的块根确实具有补肝、益肾等功效,不过要经过专业的炮制过程后才能入药。若直接服用非但达不到治疗效果,还可能会引起恶心呕吐、肝脏损伤等副作用。想必"迅哥"当年应该没有足够"幸运"尝到人形根的何首乌而腹痛难忍吧。

真实的何首乌根,我看像海马

《哈利·波特与密室》是许多人童年的美好回忆,巨大的蟒蛇和爬满墙的蜘蛛可能给不少人留下了深(童)刻(年)印(阴)象(影)。其中还有一种能够解石化、会尖叫的名为曼德拉草(Mandrake)的植物,不知你有没有印象。如果我说曼德拉草并不是魔法学校的专属,而是现实生活中的真实植物,你会不会很惊讶呢?在我国川藏地区还能找到它的同属亲戚——茄参。姓"茄"是因为它的果实像番茄,名"参"源于它像人参的根。茄参虽然没有像电影中描绘的神奇魔力,但是因其体内含有致幻作用的生物碱以及暗黑系的配色也为其增添了不少神秘色彩。

《树根》是梵高不太为人所知的一幅画作，描绘了生长在采石场山坡上盘曲多结的树根、树干和树枝的生长状态。这幅画作绘制于梵高死前的早晨，运用了饱和度极高的黄色、绿色和蓝色，虽然看起来十分抽象，却因其气势令人印象深刻，同时饱含着阳光和生命，也许画中的树根正是画家想回归大地的意向吧。

怎么样，通过上面的介绍，你是不是对植物根的认识有所改变呢？植物的根原来也可以很美味、很鲜嫩、很多变、很吸睛。当你再次来到一棵大树下，沉浸于青翠的清凉中时，是否也会像我一样感慨树根凝聚于沉默中的高尚品格呢？

参考文献

[1] 马炜良，2015.植物学 [M].北京：高等教育出版社.

[2] 杰米·安布罗斯，等，2020.DK 植物大百科 [M].刘凤，李佳，译.北京：北京科学技术出版社.

植物的茎

望天树

一、导入

我国幅员辽阔，自然条件复杂多变，植物种类繁多。青藏高原流石滩上低矮的苞叶雪莲（*Saussurea obvallata*），西双版纳热带雨林中高耸入云的望天树（*Parashorea chinensis*），西北荒漠中的骆驼刺（*Alhagi sparsifolia*），东南沿海的红树植物秋茄（*Kandelia obovata*）……这些分布在我国不同地域、形态迥异的植物，都有着共同的器官——茎。茎是种子植物的六大器官之一，犹如人体的脊椎骨一样，是连接起根、芽、叶、花、果的主体结构。下面就让我们走进茎的世界，了解茎的秘密。

骆驼刺

秋茄

二、茎的基本形态

（一）茎的结构

北方的冬日，一阵凛冽的寒风吹过，坚挺的毛白杨（*Populus tomentosa*）落光了最后的叶片，婆娑的枝丫在蓝天的映衬下，有一种别样之美。冬日里的植物园，没有绚丽多彩的花朵、没有熙熙攘攘的绿叶，正是观察茎的好时机。走近毛白杨，可见其高大挺拔的茎干上长有许多大大小小的"眼睛"，这是茎与外界交换气体的通道，称为皮孔。顺着茎干向上望去，分枝越来越多，使得整个树冠形成圆锥形。仔细观察一个枝条，会看到它的顶端长有一个棕色的卵形结构，整个枝条的侧面也有类似的结构有规律地生长着，这样的结构称为芽。着生于主干或侧枝顶端的芽叫作顶芽，着生于枝条侧面（叶腋处）的芽称为侧芽（腋芽）。芽是植物体上非常重要的结构，是枝条、花或花序的原始体。着生芽的位置称为节，两个节之间的部分称为节间。芽、节、节间是种子植物茎共有的结构。

毛白杨

毛白杨树皮

为了顺利度过寒冬，毛白杨、玉兰（*Magnolia denudata*）等植物幼嫩的芽外包被有层层鳞片，像这样的芽称为鳞芽，而大多数草本植物和有些木本植物的芽外面没有鳞片包被，则称为裸芽，如胡桃（*Juglans regia*）的雄花芽。冬季天气寒冷时，鳞芽常常处于休眠状态，等气温条件合适时，鳞芽开始活动，芽鳞片脱落并在枝条上留下痕迹形成芽鳞痕。因此，可以通过芽鳞痕判断枝条的年龄。木本植物茎上还会看到叶片脱落后留下的痕迹，称为叶痕。在叶痕内，可以看到叶柄和茎内维管束断裂后留下的痕迹，即束痕。不同植物的束痕形状、数量和排列方式不同。

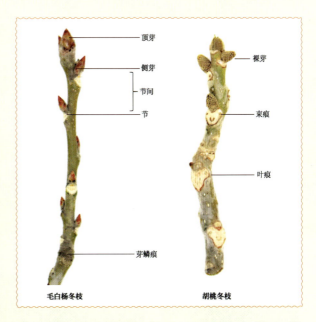

毛白杨冬枝　胡桃冬枝

除了依据芽在茎上发生的位置、芽鳞的有无对芽进行分类外，还可以依据芽发育形成的器官不同，分为叶芽和花芽。另外，有些植物的芽不长在枝顶或叶腋内这样相对固定的位置，而是长在节间、老茎、根或叶上，则称为不定芽，如在番薯的生产中常会利用其不定芽进行繁殖。

玉兰的冬枝

（二）茎的类型

植物在对环境的长期适应中，进化出了各自的独门绝技，呈现出不同类型的茎。毛白杨、向日葵（*Helianthus annuus*）等大多数植物的茎直立向上生长，这样的茎称为 **直立茎**。

番薯的不定芽

向日葵（示直立茎）

南瓜（示卷须）

爬山虎（示吸盘）

吊竹梅（示匍匐茎）

  爬山虎（*Parthenocissus tricuspidata*）的茎细长柔弱，借助吸盘一路向上攀缘，南瓜（*Cucurbita moschata*）的茎通过卷须向上攀爬，像这种细长柔软不能直立，需要利用卷须、吸盘攀缘而生的茎，称为**攀缘茎**。

  酢浆草（*Oxalis corniculata*）、吊竹梅（*Tradescantia zebrina*）等植物的茎平卧在地面上蔓延生长，类似这样的茎称为**匍匐茎**。

酢浆草（示匍匐茎）

三、茎的生长变化

（一）茎的伸长生长

一场春雨过后，植物园竹林旁边的空地上长出了几株稚嫩的竹笋。植物园的老师们随机选取了两株测量了它们的"身高"。一周之后，再次测量，1号笋长高了97cm，2号笋长高了57cm，其长高的秘密是什么呢？

2号第一次测量（7cm）

1号第一次测量（18cm）

1号第二次测量（115cm）

2号第二次测量（64cm）

茎的伸长生长是由茎顶端分生区细胞的分裂而实现的，茎顶端初生分生组织的细胞分裂、生长和分化的过程为初生生长，其可以发生在顶芽和侧芽。初生生长形成的组织称为初生组织，由初生组织形成茎的初生结构。裸子植物和双子叶植物的初生结构包括表皮、皮层和维管柱。表皮是幼茎最外面的一层细胞，是茎的初生保护组织。皮层是表皮和维管柱之间的部分，为多层细胞所组成。维管柱是皮层以内的部分，多数双子叶植物茎和裸子植物茎的维管柱包括维管束、髓、髓射线，其中维管束是指由初生木质部、形成层和初生韧皮部共同组成的束状结构。单子叶植物茎的初生结构则不同，由表皮、基本组织和维管束组成。

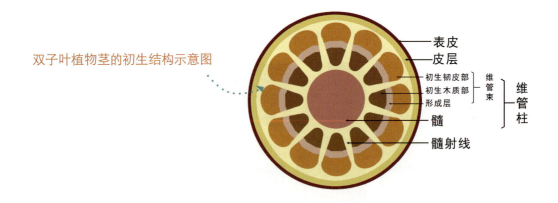

双子叶植物茎的初生结构示意图

（二）茎的增粗生长

多年生双子叶植物与裸子植物的茎，除了越长越高外还会增粗，增粗的过程即是次生生长。这时，茎的侧生分生组织的细胞分裂、生长和分化的活动使茎加粗。这个过程所形成的次生组织形成了茎的次生结构。双子叶植物和裸子植物茎的次生生长发生在维管形成层（简称形成层），其活动时向外形成次生韧皮部，向内形成次生木质部，但形成次生木质部数量远远多于次生韧皮部。因此，木本植物茎中，次生木质部占了大部分，构成了茎的主要部分，是木材的主要来源。

大多数单子叶植物没有次生生长，像甘蔗（*Saccharum officinarum*）、玉米（*Zea mays*）、棕榈（*Trachycarpus fortunei*）等植物茎的增粗一方面是由于初生组织内细胞长大导致总体积增大，另一方面是初生加厚分生组织分裂增生细胞，使幼茎有限地增粗。因此，大多数单子叶植物木质化程度低，多为草质茎。

甘蔗的茎

（三）年轮的形成

冬日里，百草园的那株老树桩显得格外醒目。走近树桩，在它的断面上可以见到许多清晰的同心圆环，这就是年轮。年轮的形成是维管形成层季节性活动的结果，特别是在有冷暖变化的温带和亚热带、有明显干湿变化的热带。春季，随着气温日渐升高、雨水增加，形成层解除休眠恢复分裂能力，细胞分裂快生长得也快，形成的木质部细胞口径大而壁薄，材质疏松色泽较浅；夏末秋初，维管形成层活动减弱，细胞分裂得慢，所产生的木质部细胞口径小，纤维的数目多，材质致密色泽较深。前者称为早材或春材，后者称为晚材或夏材（秋材）。同一年的早材和晚材逐渐过渡，没有明显的界线，但前一年的晚材和后一年的早材之间会有明显的界线，这叫年轮线。树木每长一年，便增加一圈年轮。因此，可以通过年轮来判断树木的年龄。从百草园中央向东南走去，远远地便能看到木化石区，寻一截低矮的木化石，俯下身来同样会看到一圈圈或宽或窄的年轮，它们可不只记录着这些树木曾经的年龄，还记录着当年的气候变化情况。

年轮

木化石

25

（四）树皮的形成

维管形成层活动的结果使茎增粗，但作为初生保护组织的表皮不能适应这种增粗，不久就被内部生长所产生的压力破坏，而茎近外方的细胞恢复分裂能力，形成木栓形成层，其向内形成栓内层、向外形成木栓层，三者合称为周皮，是茎的次生保护组织。木栓形成层不透水、不透气，当新的木栓形成层形成以后，其外方的组织因得不到水分和养料而死亡。茎在增粗的同时，需要不断形成新周皮来保护自己，这样多次积累，就构成了树干外面看到的树皮。这些树皮如同甲胄一样，用来保护植物茎干的生活组织不受寒气侵袭，免遭昆虫、细菌和真菌的侵入。冬日里，树皮的不同纹饰还可以成为鉴定物种的辅助手段，如具刺的刺楸（*Kalopanax septemlobus*）、方块状的柿（*Diospyros kaki*）、光滑的梧桐（*Firmiana platanifolia*）、深纵裂的刺槐（*Robinia pseudoacacia*）、深纵裂的榆（*Ulmus pumila*）、浅纵裂的胡桃（*Juglans regia*）、浅纵裂的银杏（*Ginkgo biloba*）、片状剥落的香椿（*Toona sinensis*）、长片状剥落的青檀（*Pteroceltis tatarinowii*）等。

刺楸　　　柿　　　梧桐

刺槐　　　榆　　　胡桃

银杏　　　香椿　　　青檀

四、多变的茎

大多数植物的茎生长在地面之上，具有节和节间，并在节上长叶和芽。但有些植物为了适应环境，茎在形态、结构以及功能上出现了一些可以遗传下去的变化，这就是茎的变态，其中包括地上变态茎和地下变态茎。

（一）地上变态茎

竹节蓼

叶状枝　文竹（*Asparagus setaceus*）、假叶树（*Ruscus aculeatus*）、竹节蓼（*Homalocladium platycladum*）等植物的茎扁平化成绿色的叶状体，可以进行光合作用。这种叶状体看上去像极了叶，但仔细观察其上有明显的节和节间，节上能分枝、开花，还会有退化或不发达的叶，这样的变态茎称为叶状枝。

假叶树

栝楼

葡萄

茎卷须　栝楼（*Trichosanthes kirilowii*）、葡萄（*Vitis vinifera*）、黄瓜（*Cucumis sativus*）等植物的茎细长而柔弱，常借助于卷须向上攀缘生长，这类植物的卷须是由茎发育而来，称为茎卷须。

枝刺　皂荚（*Gleditsia sinensis*）、山楂（*Crataegus pinnatifida*）、枳（*Poncirus trifoliata*）等植物的茎变态形成具有保护功能的刺，这些刺称为枝刺。其常生于叶腋处，并可以进行分枝。

山楂的枝刺

枳的枝刺

皂荚的枝刺

金琥

莴笋

肉质茎　有些植物的茎肥厚多汁，呈扁圆形、柱形或球形等多种形态，能进行光合作用，如金琥（*Echinocactus grusonii*）、莴笋（*Lactuca sativa* var. *angustata*）等，称为肉质茎。

（二）地下变态茎

根状茎 早园竹（*Phyllostachys propinqua*）、莲（*Nelumbo nucifera*）等植物具有像根一样生长在土壤中的结构，常常匍匐而生，具有明显的节与节间，节上有不定根和退化的鳞片状叶，具顶芽和腋芽，这样的结构称为根状茎。

早园竹的根状茎

莲的根状茎

块茎 马铃薯（*Solanum tuberosum*）、菊芋（*Helianthus tuberosus*）等植物具有短粗而形状不规则的地下茎，其上有节和节间，节上有顶芽和退化为鳞片状的叶，鳞叶脱落后留下条形或月牙形的叶痕，这种地下茎称为块茎。

菊芋

马铃薯

球茎 芋（*Colocasia esculenta*）、荸荠（*Heleocharis dulcis*）、慈姑（*Sagittaria trifolia* var. *sinensis*）、擘蓝（*Brassica oleracea* var. *gongylodes*）等植物的地下茎短而肥大，常为球形或扁球形，节和节间明显，节上有退化的鳞片叶和腋芽，顶端有一个较大的顶芽，这样的地下茎称为球茎。

荸荠

芋

慈姑

擘蓝

鳞茎　百合（*Lilium brownii* var. *viridulum*）、洋葱（*Allium cepa*）等植物常常具有节间极度缩短、扁平或圆盘状的地下茎（鳞茎盘），其节上着生有肥厚的鳞片状叶，具有这样结构的地下茎称为鳞茎。

百合

洋葱

五、茎的生理功能

光棍树

茎的主要生理功能是输导和支持作用，还兼有贮藏、繁殖和光合作用。茎是植物体物质上下运输的通道，通过木质部将根吸收的水分和无机盐向上运输，通过韧皮部将叶制造的有机养料源源不断地向下输送，使得植物体各个部位的活动连成统一整体。茎在支持植物枝叶花果的同时，还将它们合理安排在一定空间，有利于接受阳光，从而更好地进行光合作用和蒸腾作用，使花更好地开放和传粉，有利于结果和种子的散布。茎中的薄壁组织存有大量的贮藏物质，特别是在块茎、球茎、根状茎等变态茎中贮藏物质更为丰富。不少植物的地下茎、不定芽还可以用来进行营养繁殖。光棍树（*Euphorbia tirucalli*）等绿色的茎中有叶绿体，能进行光合作用。

六、茎与生活

（一）物质资源

自人类出现以来，就与植物发生着密切的关系，茎作为植物的重要器官，在我们的医、食、住、行、用方面自然扮演着重要的角色。在我们日常食用的蔬菜中，就有很多来自植物的茎。如《儒林外史》第二十二回中提到的"芦蒿炒豆腐干"，此处的芦蒿便来自菊科植物蒌蒿（*Artemisia selengensis*）的嫩茎，具有"江南春里一味鲜"之称。芦笋是近些年菜市场中的一种畅销菜，因其味道鲜美、营养价值高而广受欢迎。有些人误以为其来自芦苇，其实不然，它来自百合科植物石刁柏（*Asparagus officinalis*）幼嫩的茎。广受西南人民喜爱的鱼腥草来自三白草科植物蕺菜（*Houttuynia cordata*）的根状茎，还有厨房必备调味品生姜来自姜科植物姜（*Zingiber officinale*）的根状茎。

芦笋

鱼腥草

早在远古时代，我们的祖先在与大自然做斗争的过程中便发现了某些植物有减轻或消除某些病症的功能，这正是我国原始中医学的萌芽。经过漫长的发展，形成了专门记载中医药的专著。《神农本草经》是我国现存最古老的中药学专著，全书记载植物药252种，其中有很多种药是由植物的茎干、树皮、根状茎入药。如杜仲、甘草就是其中记载的上品药，杜仲（*Eucommia ulmoides*）入药的部位是树皮、甘草（*Glycyrrhiza uralensis*）入药的部位是根状茎。2020年用于治疗新冠肺炎的"清肺排毒汤"中就有13味中药（麻黄、炙甘草、桂枝、泽泻、白术、黄芩、姜半夏、生姜、紫菀、射干、细辛、山药、藿香）来自植物体的茎或者根状茎。除了直接用于中药，很多植物还

姜

是西药成分的重要来源。如萝芙木（*Rauvolfia verticillata*）植株含有阿马里新、利血平、萝芙甲素等生物碱，为"降压灵"的原料；柳属（*Salix*）植物茎干含有水杨酸，可用于制备阿司匹林，用于一般常见炎症、发热、浮肿、疼痛的治疗。今天，植物在现代医学和传统医学中仍发挥着重要作用。

"上古之世，人民少而禽兽众，人民不胜禽兽虫蛇。有圣人作，构木为巢以避群害，而民说之，使王天下，号曰有巢氏。"根据《韩非子·五蠹》的记载，早在上古时期，先民们为了躲避野兽虫蛇，就开始构木为巢，开创了巢居文明。《诗经》中记载了圆柏（*Juniperus chinensis*）、侧柏（*Platycladus orientalis*）、青檀（*Pteroceltis tatarinowii*）、榆（*Ulmus pumila*）、杨（*Populus sp.*）、梧桐（*Firmiana platanifolia*）等23种用材树种。

杜仲

圆柏

山西芦芽山松树林

现在通用的《GB/T 16734-1997 中国主要木材名称标准》，记录了我国常用的 380 类重要木材来自 907 种木本植物。

不论是原始社会时期，还是科技高速发展的今天；不论是在西方国家，还是在东方国家，由植物茎干而来的木材都是建筑中的重要材料。享誉世界的巴黎圣母院屋架结构原料可追溯至 9 世纪的树木，每个大跨度的横梁都来自不同的古老橡树。世界上现存最高最古老的木塔——山西应县佛宫寺释迦塔，全塔由 3000m³ 红松木建造而成。今天，在我国黔东南、鄂西、桂北等地区的传统建筑——吊脚楼依然保留有干栏式建筑的特点，通体由木材建造。在人类文明史中，木材还广泛应用于舟车器具。从《诗经》的《鄘风·柏舟》中"泛彼柏舟，在彼中河"，可以了解到柏木是当时用来造船的材料；从《卫风·竹竿》中"淇水悠悠，桧楫松舟"可以了解到当时也用松木来造船，用桧（圆柏）的木材制作船桨。除了海运，木材在陆地交通中也发挥着重要作用。从木橇开始，一直到汽车诞生之前，人类陆地运输体系都依赖于木材。

山西应县佛宫寺释迦塔

伴随着人类文明的进步,逐渐出现了音乐,产生了乐器,乐器的种类也从单一走向多元。我国古典乐器中的琵琶、二胡、琴、瑟等乐器主要由木材而制,即使代表先秦时期礼乐文明与青铜器铸造技术最高成就的曾侯乙编钟,其钟体也包含了木结构,由3层粗大的木质横梁架起了65口铜钟。无论是我国的传统乐器,还是西洋乐器,都离不开木材,木材与乐器的加工制作有着密切联系。紫檀(*Pterocarpus indicus*)、降香(*Dalbergia odorifera*)、黄杨(*Buxus sp.*)、桑(*Morus alba*)、香椿(*Toona sinensis*)、槐(*Sophora japonica*)、樟(*Cinnamomum camphora*)、榆(*Ulmus pumila*)、枣(*Ziziphus jujuba*)、梧桐(*Firmiana platanifolia*)等木本植物的茎干常用于制作乐器的原材料。除了木材,一些竹类植物的茎干也用于乐器的制作中,如淡竹(*Phyllostachys glauca*)、紫竹(*Phyllostachys nigra*)可应用于吹奏乐器的制作。木材在家具、家居装饰、配饰中的应用更是随处可见。

曾侯乙编钟

实木家具

海南黄花梨手串

此外，大麻（*Cannabis sativa*）、苎麻（*Boehmeria nivea*）等植物的茎皮纤维长而坚韧，可用来纺线或织布。芦苇（*Phragmites australis*）、白茅（*Imperata cylindrica*）等草本植物的茎秆纤维常用于编制草席、垫子、篮筐等器物，玉米（*Zea mays*）、陆地棉（*Gossypium hirsutum*）等禾本科植物的茎秆可作造纸原料。

除了上述价值外，茎还是橡胶、生漆等重要工业原料的来源，随着科技的发展，人类更注重对茎的综合利用，也更关注其利用的可持续性。

（二）精神财富

植物的茎不仅可以为人类提供丰富多样的物质资源，而且在人类精神生活中扮演着重要的角色。在我国古今诗歌、小说、散文等文学作品中，常采用借物喻人、托物言志的手法表达作者的思想。

我国首部浪漫主义诗歌《楚辞》，多处借植物比喻人，如以"香木、香草"比喻忠贞、贤良的人，以"恶木、恶草"比喻奸佞小人，堪称是《楚辞》植物的最大特色。肉桂（*Cinnamomum cassia*）的树皮、叶及果均有强烈的芳香味，在《楚辞》中列为"香木"，《九叹·忧苦》之佳句"葛藟虆于桂树兮，鸱鸮集于木兰"，把肉桂与木兰配对，用来象征君子和忠臣。而酸枣（*Ziziphus jujuba* var. *spinosa*）等茎干具枝刺、皮刺的植物被称为"恶木"；在《九叹·思古》中，有"甘棠枯于丰草兮，藜棘树于中庭"的表述，这里的棘就是指酸枣，用来指奸佞丑女伯俀。竹类茎干挺拔秀美，《楚辞》中以其比喻刚直不阿、气节高尚的品格。如《七谏·初放》中通过"孰知其不合兮，若竹柏之异心"，以托物言志的手法表现了屈原宁可孤独而死也决不改变自己人格情操的高洁精神。

现代文学作品中，矛盾的《白杨礼赞》，通过白杨树笔直的干、笔直的枝、紧紧靠拢的枝，写出了白杨树的正直、倔强、不折不挠的风貌，象征着西北人民的精神，阐释了人与自然的审美关系的统一。沈从文的《边城》通过翠翠生活中用到的竹竿、竹篮、竹笛、竹缆等由竹的茎干所制物品来烘托人物形象，描写其"千磨万击还坚劲"的品格。舒婷的《致橡树》中，茎干挺拔的橡树被赋予了伟岸、阳刚的气质。

肉桂叶

肉桂皮

草木有灵，人间有情，植物的茎干承载了人们无限的情思，丰富了人类的精神世界和生活方式。

参考文献

[1] 马炜梁，2015. 植物学（第 2 版）[M]. 北京：高等教育出版社.

[2] 周云龙，1999. 植物生物学 [M]. 北京：高等教育出版社.

[3] 潘富俊，2015. 草木缘情 [M]. 北京：商务印书馆.

[4] 陈美臻，龚蒙，2020. 现代工程木材在修复法国巴黎圣母院中的应用 [J]. 国际木业 (4)：4-9.

[5] 王智华，2010. 应县木塔斗栱调查与力学性能分析 [D]. 西安建筑科技大学.

植物的叶

一、导入

叶是植物体制造有机养料的主要场所，它们是天然的"太阳能电池板"，通过照射阳光获得生长的能量，并释放出氧气。在不同的环境中，叶片演化成多种多样的形态，有的甚至非常奇特，目的都是为了确保机能得到最有效地发挥。叶与我们的生活息息相关，我们无时无刻不在享受着它们的馈赠。

二、叶的功能

叶是植物的营养器官，是植物体制造有机养料的主要场所。与动物不同，植物不需要吃食物来获取能量。植物的每一片叶子就像是一个"太阳能电池板"，它们从阳光中捕获能量，将简单的无机物二氧化碳和水转化为如同燃料的糖类物质——葡萄糖，并释放出氧气，这种神奇的反应称为"光合作用"。

葡萄糖可以为植物细胞提供动力，还会被进一步转化为淀粉、脂肪、蛋白质和维生素等营养物质，供应植物体的生长发育，也使得植物成为了我们人类和其他动物直接或间接的食物来源；而光合作用释放的氧气又为生物的生存提供了必要的条件。据测算，地球上的绿色植物每年通过光合作用生出2000多亿吨的有机化合物，释放出1000多亿吨的氧气。

叶肉被上下表皮很好地保护起来，叶肉细胞中含有丰富的叶绿体。叶绿体是植物最显著的细胞器，它是植物进行光合作用的场所。在这里，光能被一种称为"叶绿素"的绿色分子捕获，转换成化学能储存在葡萄糖中。正是叶绿素使得叶呈现绿色的外表。

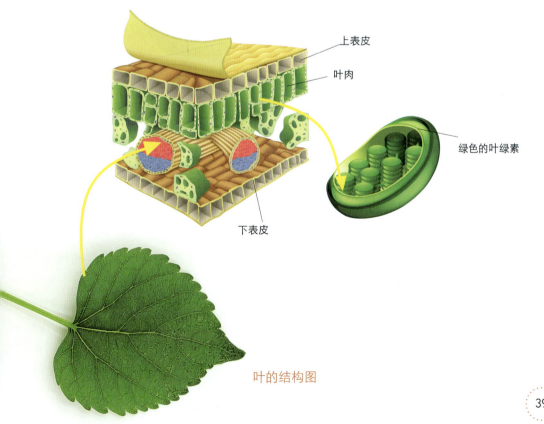

叶的结构图

此外,叶还发生着另一项对植物来说意义非凡的生命活动,它是什么呢?叶进行光合作用需要持续的水分供应,可水在重力的作用下是往低处流的,植物是如何将水分从地下运输到地上的呢?尤其是几十米、上百米的参天大树,怎样完成这项艰巨的任务呢?

这个活动就是"蒸腾作用",在叶片表面,植物体内的水以水蒸气的状态散失到大气中,从而对下方的水分形成一种拉力——"蒸腾拉力",蒸腾拉力牵引着水分向上运输,促使土壤中根系对水分进行吸收,水分就这样克服了重力被源源不断送达到叶片中,水中溶解的各种矿物质营养,也随着蒸腾液流被运送到植物身体需要的各处。

睡莲叶的气孔只分布在上表皮

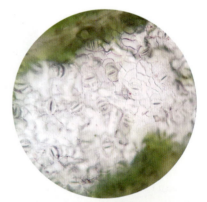

杨树叶上、下表皮都有气孔分布,下表皮的气孔数量更多

注:叶表皮的气孔是植物通过蒸腾作用散失水分的主要通道。蒸腾作用还可以降低叶表面温度,在阳光强烈时,降低叶片被高温灼伤的危害。

根系吸收的水分,大部分都通过蒸腾作用散失到空气中,仅有很少一部分参与到光合作用中。除了水,光合作用还消耗二氧化碳,并释放出氧气和水蒸气。因此植物对维持整个生物圈的水循环和二氧化碳—氧气平衡都起着非常重要的作用。

除了光合作用和蒸腾作用,植物的叶还有其他一些功能,比如吸收、繁殖和贮藏功能。

吸收能力	繁殖能力		贮藏能力

农业上有一种辅助施肥的方法：将肥料喷施在叶片表面，利用叶面的吸收给植物补充营养，称为叶面施肥或根外追肥	棒叶落地生根的叶长大以后，叶先端会生出小植株，掉到土壤里，就可以长成新的棒叶落地生根	蕨类植物繁殖叶的叶背生有孢子囊群，孢子成熟后飞散到合适的环境中，也会繁殖成新的植株	球形的洋葱，拥有一层又一层肥厚的鳞叶，吃起来味道有些甜，这些鳞叶具有贮藏营养的功能

三、叶的组成（以被子植物为例）

北京榆栎的单叶

叶片是叶的主要部分，北京榆栎的叶片是扁平的，一个叶柄上只生长着一个叶片，称为单叶。

叶片、叶柄、托叶三者都具有的叫完全叶，有些只具有一、两个部分，叫不完全叶。

植物四季课堂

九里香的一个叶柄上生长有许多小叶，小叶像羽毛一样排列在叶轴的两侧。

九里香的羽状复叶

四、形形色色的叶

面对复杂多样的环境，植物的叶演化出非常丰富的多样性，以确保其机能可以得到最有效的发挥。在观察下面的叶子以前，请在脑海中先思索一下，叶子的多样性能够体现在哪些方面？

（一）叶的形态

不同种类植物的叶，形状各不相同，在叶尖、叶基、叶缘等细节的形状上存在差异，叶脉分布上也能够观察到区别。

雪松的针形叶

原产喜马拉雅山的雪松，拥有细针状的针形叶，叶表皮最外层覆盖厚厚的角质层，让雪松成为应付极端恶劣天气的专家。

圆柏有两种叶形,一种为鳞叶,像鳞片一样紧紧贴在枝条上;另一种为刺叶,细长尖锐,在幼树和壮龄树上可以见到。圆柏的叶耐旱、耐寒,经冬不凋。

圆柏的鳞叶

圆柏的刺叶

马褂木的叶像衣服的形状。

杂种马褂木的马褂状叶

糠椴叶片边缘生有长长的锯齿,叶背长有绒毛,羽状网脉清晰可见。

糠椴的心形叶

德国鸢尾的剑形叶拥有直出平行脉,一条条叶脉从叶基平行直达叶尖。

德国鸢尾的剑形叶

银杏的扇形叶

银杏叶扇形,具有叉形叶脉(叶脉作二叉分枝)。这种脉序比较原始,在蕨类植物中普遍存在,少见于被子植物。

铁线蕨的叉形叶脉

叶裂浅,小于叶片的1/2。

爬山虎的叶掌状浅裂

叶裂深，超过叶片的1/2。

蚁栖树的叶掌状深裂

芡实的叶大而圆，叶柄着生在叶背部靠近中央的位置。叶片浮在水面，表面布满沟壑，叶背有尖刺，避免被水下的动物啃食。

芡实的盾形叶

慈姑的挺水叶像一个大大的箭头。

慈姑的箭形叶

菱角具有两种不同形态的叶，浮在水面上的叶呈菱形，充分接受光照；生长在水下的沉水叶，细裂成丝线状，适应水流的环境。菱角的两种叶形是对不同环境的适应。

浮器：菱形叶的叶柄局部膨大成海绵质的气囊，气囊内部组织疏松，有助于存储和输送空气，并且增加了浮力，使得叶片可以稳稳地浮在水面上。

菱角叶柄的气囊

菱角的菱形叶

这种像白胡子一样的植物是松萝凤梨，又叫老人须，是空气凤梨的一种。茎、叶柔软纤长，在美洲的原产地，附着于海拔1000～2400m的树上或仙人掌上，靠叶片上密布的白色鳞片从空气中吸收水分和养分就能存活。由于不需要土壤，根部退化严重，仅仅起到固定的作用。

松萝凤梨的条形叶

小叶都生长在叶柄的顶端，排列如掌状。

叶鹅掌柴的掌状复叶

叶柄顶端生3个小叶。

酢浆草的三出复叶

沙田柚的叶有一片较大的叶片，叶片下方还有一个类似叶片的结构，究竟是什么，尚无定论，不过研究人员认为可能是三出复叶中两侧的小叶退化形成的。在柑橘、橙子树上也都可以看见这样的叶子。

沙田柚的单身复叶

（二）叶的色彩

植物的叶片大多为绿色，但也有一些植物由于所含色素的种类或者含量不同而呈现出其他色彩，这些彩叶植物在景观绿化中备受青睐。

彩叶组合

五颜六色的彩叶植物在花坛的搭配中不可或缺。

紫叶矮樱

紫叶矮樱是木本的彩叶植物，从春季直到落叶前，一直保持着鲜艳的色彩。

彩叶草

彩叶草种类繁多，色彩变化万千，在城市的花坛中经常会看到。

变叶木

深浅不一的绿色、黄色、红色同时出现在同一植株上。

竹芋类

竹芋类植物叶面多具有丰富的线条和花纹。它们生活于热带雨林隐蔽的下层空间，发展出比较大的叶以增加光合作用的面积。为避免被树隙间射下的强光晒伤，在叶面上形成浅绿色花纹。叶的背部多是暗红色，这是捡漏的设计，可以把穿透叶肉的光线再反射回叶中，加以充分利用。竹芋类植物由于非常耐阴而成为室内观赏的宠儿。

此外，到了秋季，落叶植物纷纷褪下绿色换上彩装，让世界变得更加绚烂。

层林尽染

缤纷彩叶（刘朝辉摄）

一叶知秋（刘朝辉摄）

像五角枫、平基槭、山楂、银杏这样的落叶树，在每年秋季落叶前，叶色会由绿转为各种深浅不同的黄色或者红色。叶落后，气温逐渐变得更冷了，树木转入休眠，等待下一个春天的到来。

黄色，是叶绿素降解后叶片中原有的类胡萝卜素显现出来的颜色。红色，则是花青素的色彩。长期以来，人们一直以为花青素只是植物衰老的副产品。直到有科学家提出秋季叶色的"适应性假说"，认为树叶的明亮颜色是对寄生昆虫的警戒信号，它使防御良好、颜色鲜艳的个体减少昆虫的侵袭；反对者则认为昆虫感应的或许是衰老叶片的挥发物而不是颜色。相信争论还会继续下去，但科学发现的脚步不会停止。

仔细观察，从新生叶上也可以发现叶色的变化：

芍药的新叶

梧桐的新叶

橡皮树的新叶

大自然中许多植物的叶在初生阶段具有一段红叶期。与成熟叶相比,幼叶含有丰富的营养,又比较柔软,因此更容易受到啃食者的伤害。那么普遍存在的红色幼叶现象与防御啃食之间有没有联系呢?部分科学家认为,幼叶花青素含量较高,花青素能起到警戒色的作用,使叶片看上去味道差、有毒或者低营养,从而保护了自己。

(三)叶片的大小

植物叶的大小差别巨大,大的可达数米长,小的则要用毫米计算。大型的叶,意味着进行光合作用的面积大,但蒸腾作用需要更多的水分;在寒冷或者干旱的地方,植物则拥有较小的叶,有助于保存水分和能量抵御不利环境。

芋

芋是湿生草本植物,卵形的叶片长约1m,叶背可见发达的叶脉。原产热带,喜高温高湿环境。

香蕉叶长可接近3m,在我国南部露地栽培。

香蕉

欧洲白榆

欧洲白榆,叶长8~15cm,生长于温带地区。

自 然 观 察 知 识 篇

光棍树

原产非洲干旱地区的光棍树，叶片小且稀少，因光溜溜的枝条而著称。

翠云草

翠云草的叶长仅有3mm左右，生长在林下潮湿的地方。

（四）叶片的薄厚

叶片的厚度与保水能力相关，叶片越薄，储存水分越少，保水能力越差，反之则越强。在植物研究和农业生产上，使用专门的仪器——"叶片厚度计"测量叶片厚度，为开展叶片生理研究和智能型节水灌溉提供支持。

铁线蕨

铁线蕨的叶极薄，生于流水溪边。

熊童子

熊童子厚厚的叶片中含有丰富的薄壁组织，用于贮存水分，使得植株比较耐旱。叶先端带有爪样齿，神似熊掌。

51

（五）叶片的寿命

叶片寿命的长短随植物的种类而有不同，有的寿命仅几个月，有的长达数年。像毛白杨这样的落叶树，每年春季长出新叶，到秋季落掉，叶子仅几个月的寿命；常绿树叶寿命在 3～40 年之间；叶片寿命最长的，要属生长在非洲西南沿海沙漠中的千岁兰，仅有两片叶子伴随一生。它的根又直又深，能从地下深层吸收水分，带状的叶片也可以从海边潮湿的空气中吸收水汽。

为什么植物的叶寿命会存在这样大的差异呢？科学家注意到，具有长叶寿命的植物通常生长于营养和（或）水分较为缺乏的环境，而具短叶寿命的植物一般生长在具有较高的营养可利用性地带。

根据成本—效益分析理论：一年中如果不利于植物生长的时期很短或几乎不存在（热带亚热带地区），那么保持常绿对于植物是有利的；不利时期变长（暖温带地区），植物采取落叶然后再长新叶的策略则比较经济；不利时期进一步延长（温带寒温带地区），新叶建成的消耗过大，就会通过延长叶寿命方式获得长期的积累来弥补。

毛白杨：叶片寿命几个月

桂花：叶片寿命 3 年

千岁兰：叶片寿命超过 1000 年
（魏红艳摄）

雪松：叶片寿命 5 年

因此，叶寿命是植物在长期适应过程中为获得最大光合生产以及维持高效养分利用所形成的适应策略，综合反映了植物对各种环境条件（光、温、水、营养、大气污染、草食动物的摄食等）的生态适应性。

（六）叶的排列规律

叶在茎上有规律地排列，称为叶序。仔细观察，你会发现相邻两节的叶总不会相互重叠，这样可以避免上方的叶遮挡住阳光，从而使植株获得更多的光照。

花叶常春藤的互生叶

互生：每个节上只生1叶，交互而生，螺旋状排列在茎上，如花叶常春藤、杜仲、垂柳等。

五色梅的对生叶

对生：每个节上生2叶，相对排列，并且与相邻节上的2叶交叉成"十"字形，称为交互对生，如丁香、金银木、薄荷、五色梅等。

夹竹桃的轮生叶

轮生：每个节上生3叶或3叶以上，辐射状排列。如夹竹桃、垂盆草等。

雪松的簇生叶

簇生：枝的节间极度缩短，叶在短枝上成簇生长，如枸杞、雪松、银杏等。

（七）叶的生长变化

植物的叶自幼叶长大，经历一系列变化。

疣茎乌毛蕨的幼叶

长着一连串问号的，是疣茎乌毛蕨的幼叶，随着叶子长大，拳卷的问号从下向上逐渐平展，以便于进行光合作用。长大后，叶长度可达1m，羽状深裂，仿佛一片片大型的羽毛。这种幼叶拳卷的现象，主要见于蕨类和苏铁类植物，可以保护植物幼嫩脆弱的部位。

疣茎乌毛蕨长大以后的叶

郁金香长大以后的叶

郁金香的幼叶

这是风靡春季的郁金香，一株郁金香仅有3～5片叶子，叶片稍长，有的还弯着大波浪。来看一看幼叶刚出土的模样吧，它们会卷成一个细筒，从土里钻出来，然后伸展长大。等叶片都长齐了，气温也合适了，就在植株的最顶端开出一朵美丽的郁金香来。

自然观察知识篇

银杏的幼叶

春天,银杏稚嫩的小扇子破芽而出;到了夏天,小扇子长成大扇子,一树青翠;秋天,天气转凉,银杏的扇叶由绿转黄,一片片随风飘落。你发现它们变色的规律了吗?不错,秋天的痕迹自叶缘开始向叶基蔓延,直至把它全部染成金黄色。

银杏夏天的叶

银杏秋天的叶

中华猕猴桃的幼叶(魏红艳摄)

中华猕猴桃长大的叶子(魏红艳摄)

中华猕猴桃的叶子自打出生起就是毛茸茸的,色彩非常鲜艳。长大以后,叶片变成了绿色,但是绒毛仍旧是红色的。

55

五、奇特的叶

正所谓大千世界无奇不有,植物界也存在着许多奇特的叶,展现了大自然神奇、智慧的一面。

(一)会运动的叶

含羞草属于感震植物,叶子会对外力刺激做出运动反应——小叶在几秒内依次合拢,外力越大,合拢速度越快,甚至整个复叶发生快速下垂。恢复过程则比较缓慢,一般需要半小时左右。

在含羞草的叶柄基部具有一个膨大的器官——叶枕,里面有许多储存细胞液的薄壁组织。一旦叶枕接收到刺激点传来的信号,这些薄壁细胞内的细胞液就会快速流出到细胞间隙中,减小了细胞的膨胀能力,从而出现叶片闭合、叶柄下垂的现象。

含羞草的害羞,是一种自我保护。它原产于多风多雨的热带地区,当雨滴落到叶上时,它立即把叶片闭合起来,就好像我们遇到危险时蜷起身体,以减少暴风雨的伤害。当然,在一定程度上也能减少动物的侵害。

含羞草的感震运动(魏红艳摄)

含羞草闭合的小叶正在缓慢打开(魏红艳摄)

酢浆草的一个叶柄上连着三片心形的小叶（三出复叶），白天撑起照射阳光，夜晚收拢进入睡眠。这种叶子在夜间闭合的现象比较常见，比如含羞草、合欢、决明、羊蹄甲、竹芋、再力花等。花朵在阴天或夜间闭合的现象同样也可以经常见到。

植物的睡眠主要是由光照或者温度变化的刺激导致的感性运动，在植物生理学中被称为"感夜运动"或"睡眠运动"，有助于保持体温和水分蒸发。

（二）会爬篱笆的叶

观赏铁线莲花骨朵下面的叶，在叶柄处打了一个弯儿，将自己挽在了篱笆上。

同样起到攀缘作用的，还有茳芒香豌豆的卷须，由叶变态而来。

酢浆草

酢浆草的睡眠运动
（魏红艳摄）

观赏铁线莲

茳芒香豌豆
（魏红艳摄）

（三）开天窗的叶

玉露的肉质叶大部分为绿色，顶端则是半透明的，仿佛开了一个天窗，这个构造称为"顶窗"。它们可是有大用途的，玉露原产地在南非，干、热是那里的环境特点，玉露会把身体的大部分藏进地下，减少暴晒和水分流失，只露出顶端的一小部分。通过透明的顶窗，叶内的细胞依旧可以捕捉太阳光线，不耽误营养的制造。

生石花也拥有"顶窗"构造，它们甚至还在顶窗上长出类似周边石子的花纹，通过这种巧妙的拟态成功躲避动物的侵犯。

玉露

生石花

（四）会吃虫子的叶

猪笼草的叶尖处有卷须，卷须延伸扩展形成一个瓶状体，是一个完美的捕虫陷阱："瓶口"光滑并能够分泌蜜汁，被吸引前来觅食的昆虫一不小心就会掉进"瓶子"里，而等待它的是可怕的消化液，能将昆虫消化分解。上方的"瓶盖"不会动，但可以阻止雨水落入，并遮挡光线迷惑昆虫，使它找不到逃跑的出口。

猪笼草大多生活于高温高湿的环境中，由于土壤营养贫瘠，只好借助捕虫来补充营养。

瓶子状的叶

猪笼草

捕蝇草

能捕捉小虫的变态叶，称为捕虫叶，具有捕虫叶的植物还有捕蝇草、狸藻、茅膏菜、瓶子草等。

（五）会排水的叶

蒲葵叶表面生有数条褶皱，下雨时起到导流的作用，将雨水尽快排走，减少微小生物如菌类、苔藓、藻类的侵袭和覆盖而影响光合作用。

菩提树的叶具有长长的尾尖——滴水叶尖，同样起到导流雨水的作用。

滴水叶尖现象在热带雨林里普遍存在。

菩提树

蒲葵

（六）会招摇的叶

叶子花和粉掌的苞片由叶变态而来，色彩鲜艳，能够起到吸引昆虫、保护花和果实的作用。

叶变态成佛焰苞　肉穗花序

叶子花

叶变态成苞片

叶子花

六、叶的防御

植物遇到危险不会逃跑，经过漫长的时间演化出各自独特的防御能力。有些植物的叶部分甚至全部变化为刺；有些叶会产生具有保护作用的化学物质，减少病菌和动物的侵害。

（一）带刺的叶

柊树（木犀科）叶革质，有的叶片边缘长有 3～4 对刺状牙齿，先端具尖锐的刺。生长快速下垂。恢复过程则比较缓慢，一般需要半小时左右。

柊 [zhōng] 树

金琥

（二）全部变成刺的叶

生活在干旱环境中的金琥，是仙人掌类植物，它的叶特化成刺，从带有棉毛的刺座长出，坚硬锐利。既保护自己不被动物啃食，又能最大限度地减少水分散失，而光合作用制造营养的阵地则转移到绿色肥厚的茎上。

（三）会蜇人的叶

蝎子草的叶上带有 3～5mm 长的螫毛，螫毛中含有蚁酸、组织胺等化学物质，一旦刺破皮肤，会引起皮肤红肿、剧痛。一些果农利用这一特性，在果园周围种上蝎子草来防止老鼠偷食。蝎子草还是治疗风湿性关节炎的良药。

蝎子草

（四）会散发香味的叶

迷迭香和驱蚊香草的叶具有腺毛，会分泌有香气的精油，起到除菌防虫的作用。另有不具分泌功能的表皮毛，起保护作用。

表皮毛

腺毛，具有分泌精油的功能

迷迭香

驱蚊香草

（五）剧毒的叶

箭毒木又名见血封喉，生活在热带雨林里，为了自保，体内含有有毒的汁液。历史上，当地少数民族将这种有毒的汁液涂抹在箭头上，射杀猎物。

箭毒木

植物四季课堂

七、叶与生活

富含维生素的叶菜类蔬菜

植物的叶与我们的生活关系非常密切，找找看，在你身边有哪些是与叶有关的呢？你会发现，在饮食、药品、香料、染料、衣服及其他很多生活用品中，都可以发现叶的踪迹。

叶菜类蔬菜含有丰富的维生素、矿物质、碳水化合物、蛋白质及叶酸等多种营养物质，是餐桌上的必备食物之一。

我国是茶叶的故乡，早在秦汉时期人们就开始种植茶叶。茶叶中含有茶多酚、咖啡碱、茶叶碱、矿物质、维生素等营养物质，具有生津止渴、明目安神、清热解毒、延年益寿的功效，成为人们生活当中不可缺少的饮料。

世界三大饮料之一——茶

薄荷是唇形科多年生草本植物，含薄荷油。叶是薄荷油的主要储存器官，占全株98%以上。提取出的薄荷油可以用来加工牙膏、口香糖、饮料等。

具有清凉香味的薄荷

我国是中草药的发源地，从神农尝百草开始，对中草药的探索已经历了几千年的历史。我国中草药资源丰富，在拥有的3万余种高等植物资源中，已发现可供药用的植物大约有12000种。随着对中草药需求的不断增加，人们正在探索资源保护和利用相统一的生态中药业发展模式。

（一）治疗疟疾——黄花蒿

黄花蒿（魏红艳摄）

黄花蒿的茎、叶中可提取青蒿素，用于防治疟疾，每年在全世界尤其是发展中国家拯救了成千上万人的生命。20 世纪 60 年代，屠呦呦带领研究团队从历代医籍、民间方药中收集 2000 余方药，编写了 640 种药物为主的《抗疟单验方集》，对其中的多种中草药开展研究，经过反复试验，最终从黄花蒿中成功提取出抗疟原虫 100% 效果的青蒿素。屠呦呦也因此获得诺贝尔生理学或医学奖。

（二）药食两用——蒲公英

蒲公英全草可入药，主要功能为清热解毒、消肿散结。蒲公英在古代还是一种蔬菜，如今作野菜食用，3～5 月采嫩叶洗净生食，味道微苦。

蒲公英

（三）跌打良药——接骨木

接骨木的茎、叶入药，主治风湿痹痛，舒筋血、活脉络，尤其对于跌打损伤有很好的治疗效果。

一些植物的叶中含有天然的染料，由于含有药物成分，在为织物染色的同时，还能够抗菌，优于人工合成的染料。例如，研究发现，用樟树叶提取的染料染苎麻织物，对金黄葡萄球菌具有较强的抑菌效果，抗紫外线性能也比较好。

随着人们环保意识的增强和生活水平的提高，不断开发顺应时代发展的且具有抗菌功能

接骨木

的天然染料，是纺织品染整行业面临的重要任务。

我国是世界上生产丝绸最早的国家，传说黄帝的妻子嫘祖发明了养蚕织衣的方法。桑叶是最适合桑蚕的天然食物，我国有丰富的桑树资源，并且在人工种植、品种改良方面做出很大贡献。

樟树叶可以提取具有抑菌作用的染料（魏红艳摄）

樟树叶可染多种颜色

蚕宝宝最爱吃的桑叶

用植物的叶，以"经""纬"线交织，编结成篮、筐、席、垫、扇等生活中常用的多种多样的器具，既美观又实用。

用香蒲叶编结的篮子

植物通过对有害气体的吸收、降解及滞尘作用，起到净化空气的作用。

加杨、臭椿、丁香、刺槐、旱柳、枣树、玫瑰等植物对二氧化硫有一定的吸附能力；山杏、糖槭、榆树、暴马丁香等植物对氯气吸收能力较强；枣树、榆树、桑树、山杏吸氟量高；绿萝、吊兰、芦荟等室内观赏植物可消除甲醛的污染。

玫瑰对二氧化硫有一定的吸附能力

参考文献

[1] 王志学，2015. 植物百科 [M]. 济南：明天出版社.

[2] 戴维·波涅，2015. 植物王国 [M]. 吕潇，译，北京：科学普及出版社.

[3] 胡玉熹，1995. 植物博物馆 [M]. 河南：河南教育出版社.

[4] 汉声编辑室，2012. 中国水生植物——苏州水八仙 [M]. 上海：上海锦绣文章出版社.

[5] 路遥，2017. 玩转空气凤梨 [M]. 南京：江苏凤凰科学技术出版社.

[6] 马炜良，2015. 植物学（第二版）[M]. 北京：高等教育出版社.

[7] 汪劲武，2013. 常见野花 [M]. 北京：中国林业出版社.

[8] 李俊，龚明，孙航，2006. 植物警戒色的研究进展 [J]. 云南植物研究 (02):183-193.

[9] 陈立生，朱莉，2010. 植物叶片厚度测量仪的研制 [J]. 科技资讯 (09):138-139.

[10] 张林，罗天祥，2004. 植物叶寿命及其相关叶性状的生态学研究进展 [J]. 植物生态学报 (06):844-852.

[11] 任海云，1995. 植物的感性运动 [J]. 生物学通报 (09):30-32.

[12] 徐祖琪，2001. 藤本植物运动机理的观察研究 [J]. 生物学教学，26(8):38.

[13] 于世彬，2011. 热带雨林奇特生物现象——滴水叶尖 [J]. 花木盆景（花卉园艺）(08):29.

[14] 向少能，2010. 蝎子草药理活性初探与抗菌活性成份研究 [D]. 西南大学.

[15] 王满华，何叶丽，王东方，2015. 苎麻织物的香樟叶植物染料染色 [J]. 印染，41(15):24-27.

[16] 韩军，郑蕾，孙旸，等，2020. 抗菌性天然染料在纺织品染色中的应用进展 [J]. 轻纺工业与技术，49(12):19-21+24.

[17] 刘东华，狄明，2003. 城市绿化中选择净化空气的植物配植 [J]. 城市环境与城市生态 (06):161-162.

[18] 韵致，2020. 永不停步的屠呦呦 [J]. 中学生数理化（教与学）(12):1.

植物的花

柠檬花

一、导入

在人类看来，植物的花是来装点大自然的，它们有大有小、形态各异、色彩缤纷，人们通过精心选育，挑选出尤为特殊和漂亮的花卉品种，用来美化环境、装点生活，使我们身心健康和愉悦。

不过如果我们站在植物的角度上来看，植物为什么要开花呢？花对植物来说又意味着什么呢？对植物来说又有什么作用呢？下面让我们走进花的世界，一起来了解它的精彩。

二、花的组成

花是植物繁殖后代的重要器官，对植物来说有着传宗接代的重要作用，从它的形态特征看，花包括花柄、花托、花萼、花冠、雄蕊群和雌蕊群。

通常端坐花朵中央的是雌蕊，一朵花中的所有雌蕊被称为雌蕊群。雌蕊的基部是子房（将来发育成果实），上面伸出的柱状物叫花柱，负责接收、识别花粉。

雌蕊群的外围通常分布着雄蕊群（所有雄蕊的统称）。雄蕊通常是小细管状的花丝上面带着花药，花药中蕴含着数量众多的花粉。

雄蕊群外侧分布的则是花冠（一朵花中的所有花瓣总称为花冠）。

花冠之外通常就是花萼了（一朵花中的所有萼片统称为花萼）。一朵花中的花萼和花冠可以统称为花被。若花被只有一轮，称单被花；有两轮，且无萼片和花瓣的分化，称同被花；无花被，称无被花。

萱草，同被花

垂柳雄花序，无被花

山桃，两被花，既有花冠又有花萼

太行铁线莲，单被花

上述四部分按一定的方式排列在花托上，花托是花柄顶端部分。花柄又称花梗，它连接花和枝条，是两者间物质交流的通道。

下图是花组成知识详解：

植 物 四 季 课 堂

(1)　　　　　(2)　　　　　(3)　　　　　(4)

(5)　　　　　(6)　　　　　(7)　　　　　(8)

(9)　　　　　(10)　　　　(11)　　　　(12)

(13)　　　　(14)　　　　(15)　　　　(16)

(17)　　　　(18)　　　　(19)　　　　(20)

(21)　　　　(22)　　　　(23)　　　　(24)

自然观察知识篇

植物四季课堂

(49)　　　　　(50)　　　　　(51)　　　　　(52)

(53)　　　　　(54)　　　　　(55)　　　　　(56)

(57)　　　　　(58)　　　　　(59)　　　　　(60)

(61)　　　　　(62)　　　　　(63)　　　　　(64)

(65)　　　　　(66)　　　　　(67)　　　　　(68)

注：(1) 杏梅，近无花梗；(2) 垂丝海棠，花梗细长；(3) 玉兰，花托柱状；(4) 月季，花托壶状；(5) 山茱萸，花托顶端有凸起的泌蜜组织（花盘）；(6) 柠檬，子房基部有凸起的泌蜜组织（花盘）；(7) 石榴，子房壁与花托愈合；(8) 花菱草，花托扩展；(9) 醉蝶花，子房基部有伸长的花托；(10) 西番莲，花蕊的基部有伸长的花托；(11) 辣椒，花萼宿存；(12) 东方罂粟，左边花朵的花萼已经掉落，右边的一个萼片即将掉落，(13)

白花蝇子草，萼片联合；(14) 山桃，萼片分离；(15) 地丁草，萼片向后延伸成距；(16) 蜀葵，有两轮萼片；(17) 暴马丁香，雄蕊 2 枚；(18) 毛泡桐，雄蕊 2 长 2 短；(19) 二月兰，雄蕊 4 长 2 短；(20) 小悬铃花，雄蕊的花丝联合，花药分开；(21) 串叶松香草，聚药雄蕊；(22) 金丝桃，花药完全分离，花丝联合成 5 束；(23) 香豌豆，花药分离，花丝联合成 2 束；(24) 牡丹，雄蕊众多，相互分离；(25) 郁金香，雄蕊 6 枚；(26) 迎红杜鹃，雄蕊 10 枚，花药顶端开裂；(27) 荷花，雄蕊上有白色棒状附属物；(28) 巴西野牡丹，花丝 2/3 处有折痕；(29) 瓣蕊唐松草，花丝扁平、洁白；(30) 雄蕊正变成花瓣；(31) 黄金树，2 个可育雄蕊，3 个退化雄蕊；(32) 鸭跖草，3 枚退化雄蕊花瓣状，3 枚可育雄蕊；(33) 虞美人，雌蕊没有花柱；(34) 柠檬柱头球状，顶端不裂；(35) 果桑，柱头 2 裂；(36) 郁金香，柱头 3 裂；(37) 柳叶菜，柱头 4 裂；(38) 桔梗，柱头 5 裂；(39) 垂花悬铃花，柱头、部分花柱分离；(40) 王不留行，柱头、花柱分离；(41) 芍药，一朵花中有彼此分离的雌蕊多个；(42) 黄瓜，子房壁完全和花托愈合，比花被、花蕊位置低；(43) 三叶木通，雌蕊的位置比花被位置高；(44) 荷青花，雌蕊的位置比花被位置高；(45) 月季，子房比雄蕊、花瓣位置低，但不与花托愈合；(46) 薄叶山梅花，从果实看出子房一部分与花托愈合；(47) 金露梅，离瓣花；(48) 紫丁香，合瓣花；(49) 大花杓兰，一花瓣成兜状；(50) 斑种草，花冠上有附属物；(51) 洋水仙，有 2 轮花冠；(52) 紫花耧斗菜，花瓣向后延伸成距；(53) 紫藤，通过花冠中心只可作一个对称面；(54) 丹参，通过花冠中心只可作一个对称面；(55) 荷包牡丹，通过花冠中心可作两个对称面；(56) 圆叶牵牛，通过花冠中心可作多个对称面；(57) 山楂，通过花冠中心可作多个对称面；(58) 波斯菊，管状花放大；(59) 圆叶牵牛，花冠漏斗形；(60) 多歧沙参，花冠钟状；(61) 长春花，花冠上部像一个浅浅的碟子，下部联合成细长的管；(62) 黑枣，花冠就像酒坛；(63) 马铃薯，与长春花类似，只是下部联合的筒短；(64) 荷青花，十字花冠；(65) 红花锦鸡儿，花冠由 5 个花瓣组成，由上至下，由外至里呈 1+2+2 排列，由里至外呈 1+2+2 排列；(67) 角蒿，花冠呈二唇形；(68) 蒲公英，花序由众多的花组成，每一朵花的花冠成扁平舌状。

花按照性别可分为两性花、单性花、无性花或中性花。

两性花：在一朵花上雌雄蕊兼备。

单性花：一朵花上只有雌蕊或雄蕊。只有雌蕊的称为雌花，仅有雄蕊的称为雄花。

中性花或无性花：一朵花中雌蕊和雄蕊都没有。

山桃，两性花

构树，雄花（单性花）

构树，雌花序（单性花）

天目琼花，两性花与中性花

注：以上插图鸭跖草、香豌豆由赵芳提供，波斯菊由刘朝辉提供，其他皆由魏红艳提供。

三、花序

有的植物，单朵花生于枝的顶端或叶腋处，称为单生花，如郁金香。有的植物，它的花按一定顺序生长在花轴上，并会按一定次序开放，被称为花序。

花序中花朵开放的次序：

一类是花轴顶端或中心的花先开，开花顺序由上而下或由内向外。这个过程中，花序轴的生长受到限制，因此称为有限花序或聚伞类花序，包括单歧聚伞花序、二歧聚伞花序等。

另一类是在开花期间，随着花序轴的生长，不断产生新的花芽或者重复地产生侧枝，在侧枝上也形成新的花芽。这种花序称为无限花序，又称总状花序。无限花序一般由花序轴下面的花先开，依次向上；或者边缘的花先开，趋向中心。常见的这种类型花序包括总状、穗状、柔荑、肉穗、头状、隐头、伞形和伞房花序等。

自然观察知识篇

有限花序：

	花序名称		描述	花序简图	花序实例	
1	单生花		单独一朵花生在茎枝顶上或叶腋部位			郁金香
2	单歧聚伞花序	蝎尾状聚伞花序	顶花之下形成单一侧枝，侧枝亦按上述方式再形成顶花及次级分枝。侧枝成左、右间隔而生，则形成之字形折曲的蝎尾状			铁兰
		螺状聚伞花序	若各级侧枝朝向相同，则形成向一侧卷曲的螺状			聚合草
3	二歧聚伞花序		二歧聚伞花序指花序轴顶端生1朵花，而后在其下方两侧同时各产生一个等长侧轴，每一侧轴再以同样方式开花并分枝			白杜

无限花序：

	花序名称	描述	花序简图	花序实例	
1	总状花序	每朵小花都由一个花柄与花轴有规律地相连，花轴下面的花朵发育较早，花轴顶部的花发育较迟；开花顺序由下及上			毛地黄
2	伞房花序	类似总状花序，但下部的小花花柄长，上部的小花花柄短，最终各花基本排列在一个平面上，开花顺序由外向内			山楂

(续)

	花序名称	描述	花序简图	花序实例	
3	伞形花序	花轴缩短，在总花梗顶端集生许多小花，每朵小花的花柄基本等长。放射状排列如伞形			大花葱
4	穗状花序	属于总状类花序下的一种类型。花序轴较长，排列着许多无柄的两性花，其中每个穗状花序，称为小穗			车前
5	柔荑花序	可归入穗状花序。花轴上生许多无柄或是短柄的单性小花（雄花或雌花），有的花轴柔软下垂，有的花轴直立。开花后（雌花为果实成熟后）整个花序一起脱落			毛白杨
6	肉穗花序	结构与穗状花序相似，但花轴是肉质肥厚，其上生多数单性无柄小花			花烛
7	头状花序	花轴极度膨大，形成头状或盘状的花序托，花托上生无柄小花，开花顺序由外向内			合欢
					波斯菊

(续)

	花序名称	描述	花序简图	花序实例	
8	隐头花序	肉质的花序轴膨大下凹,形成一个中空的球体,内壁上生长许多无梗的单性小花。此花序开花时经常看不见,所以此前人们误以为无花			无花果

四、花的传粉

　　开花植物趋向于异花授粉,并进化出一系列的特殊结构来避免自花授粉,从而为了获得基因多样性丰富的种子后代。当花粉掉落到成熟的柱头上时,它会对其进行身份识别——识别时间从一个小时到几天不等。花粉吸收水分和营养物质之后萌发长出花粉管,花粉管沿着花柱往下生长,使精子顺利与卵子见面,之后一个精子和卵结合,将来会发育成种子的胚,而另一个精子会和另外两个极核融合,之后发育成胚乳。

　　花粉落到同一朵花柱头上的传粉方式叫作自花传粉。自花传粉的优点显而易见,传粉效率高,不受外界因素的制约,无须担心昆虫来不来,也不用费心地打扮花朵达到招蜂引蝶的目的,有更多的资源可以投入到产生更多种子的工作中。这类花往往不显眼,无颜色、无气味。若环境合适,后代很快占领这片区域,种子发芽、生长、开花结果、种子成熟,减数分裂进行一次又一次有限的染色体重组,最终整个族群的基因趋于一致性。大名鼎鼎的孟德尔豌豆试验就是基于豌豆的自花传粉。不过这种传粉方式风险也很高,一旦环境发生变化,可能造成整个族群灭顶之灾。

　　有的植物不甘心集体团灭,希望有适应突变环境能力的多样后代,于是进化出另一类传粉方式——异花传粉,也就是花粉传送到另一朵花柱头上的方式。

　　为达到这个目的,植物们煞费苦心,比如同一朵花的雌雄蕊会分不同阶段成熟。广玉兰的雌蕊先成熟,黄绿色的柱头呈现问号样卷曲,分泌黏液,花托就像长了卷发,尚未成熟的雄蕊紧紧地依偎着花托。接着"卷发"更黄,黏液变得越来越少,直至没有。雄蕊向外展,开始散发花粉。

山姜属植物则喜欢角色互换的方式。艳山姜的花中,哪部分花蕊靠下就先充当它所属的性别角色,比如一些花刚开时柱头向上反卷,位于高处,这时候花药开裂,提供出花粉,妥妥地扮演雄花角色。中午柱头开始向下运动,下午运动到花药下方,这时开始接受花粉,于是雌花角色上场。有一些花则相反,先当女生后当男生:上午下垂的柱头成熟,中午开始向上运动,等运动到雄蕊上方,花药成熟。这种方式成功避免了一朵花中的花粉跑到同一朵花的柱头上。

植物只能采用自花授粉和异花授粉中的一种,不能两种方式兼有吗?答案是否定的。春天,贴地而长的紫花地丁开花了,碧绿的叶子配上淡雅的紫花,远远望去,就像下了一场紫色的雨。再过一个月,果实成熟了,裂成均匀的三等份,每份上面排着两、三列药丸大小的种子,静待搬运工蚂蚁的到来。有趣的是,它的种子好像餐厅的无限续杯,可以一直持续到深秋。秘密就在于自花授粉。第一批果实成熟后,一群没有花瓣的花(称为闭锁花)悄悄生于茎基部或贴近地面处,毋需昆虫帮忙,花粉落到同一朵花的柱头上。这样发育而来的种子特别多。当条件不好的时候,开花受精的数量会减少,闭花受精的会增加。

广玉兰 雌蕊成熟

艳山姜

你是不是已经忍不住赞叹大自然的神奇?这还不够,我们来聊聊华北耧斗菜,它接受花粉的部位不限于柱头,还包括花柱的腹缝线。刚开始时,它的5条花柱笔直地"站"成一堆,此时,可接受花粉的部位为柱头顶端。随着时间的推移,花柱慢慢变长且逐渐向外卷曲，可授粉的区域也沿着花柱腹缝线下移。待时间过半，若是一直没有合适的花粉出现，围在柱头边上的雄蕊花粉就会散落到花柱的腹缝线可授面上，然后长出花粉管。此后，一旦机缘巧合，若有昆虫将来自异花的花粉幸运地遗落到位于低端的新的可授区，长出了新的花粉管，那么两个花粉管里的精子谁会先到达子房呢？越往后，可授面离子房越近，意味着花粉管长出的长度越短。同时，自花花粉的花粉管生长速度也会受到抑制。所以，异花的花粉会先一步到达子房。简而言之，若同时出现自己的花粉和异花的花粉时，子房会优先选择异花的；若无选择时，就会完成自花授粉。

紫花地丁

紫花地丁 果实

深受人们喜爱的蒲公英则有一种特殊的生殖方式——孤雌生殖。它有一部分花不需要花粉的刺激就可形成种子，而另一部分花需要花粉才能形成种子。神奇的是，实验表明，前者产生的种子比后者的质量更高，具有更高的萌发率。花无须花粉就可结实的现象在自然界不是特例，核桃、杧果、兰科等52个科的400多种植物中都有发现。播种一粒柑橘种子，可能会长出多株小苗，意味着一粒种子中有多个胚，其中的一个胚是精、卵结合的产物，其他则由卵细胞单独发育而成。

华北耧斗菜

蒲公英

谁是传粉者

风媒花：依靠风力传送花粉的花。

虫媒花：依靠昆虫为媒介传送花粉的花。

水媒花：依靠水传送花粉的花。

风媒花。植物进行异花传粉，必须依靠外力才能把花粉传播到其他花的柱头上去。谁是最佳传粉者呢？就传粉量而言，当然是风。中国人的主食水稻、玉米、小麦都是风媒花，如果没有风，大抵我们就要饿肚子了。裸子植物如松树、柏树、银杏等，被子植物中的禾本科、莎草科，我们喜欢吃的榛子、板栗都要仰仗风的力量传粉。你是否目睹过这样的场景，晨光刚晒满大地，农民伯伯们拿着长长的竹竿轻轻敲打正在开花的水稻，增加传粉效力提高水稻的产量。

玉米雌花序

玉米雄花序

为了仗风行天涯，风媒花的花粉通常成球形，粒小而轻，外壁光滑干燥。在微风徐徐的晴朗天气，风媒花常常集体成熟，爆发性散粉。当然了，狂风大作也不行，一粒小小的花粉一口气御风而行五六公里就会错过周遭喜欢外来客的"新娘"。

圆柏雄花

至于花粉的数量，在不到5cm的榛子雄花序上有40万粒的花粉，一棵树上有几十串，这是多么庞大的数字啊。圆柏散粉的季节，平均每天在北京$1m^2$土地的上空漂浮过123万粒花粉。当然，大多数花粉走上了不归路，只有少数的幸运儿会与卵子见面，两者的比例达到了$10^6:1$，真是百万中挑一啊。还有令人讨厌的豚草属植物更是达到了$10^{15}:1$，明知道千万亿分之一的成功率，它还是勇往直前，所以看见豚草时请多看一眼吧。

风媒花通常是单性花，对于风媒花来说，除了花蕊其他的花结构都可以省略。雄花经常组成柔荑花序或穗状花序，花序轴柔软到微风一吹就会抖动的地步。

"花被片需要吗？""有或者没有都行。"

"多大的花被片呢？""花蕾时，能盖住花蕊就好。越小越好。"

"花被需要装饰吗？""颜色、香味都不要。"

"来点蜜吗？""不要。"

如果世界真的有造物主，风媒花和造物主大抵会出现上述的对话。被子植物中16%的植物是风媒花，它们通常灰头土脸，土黄色、褐色是常用色。为了尽可能留住更多随风而来的花粉，风媒花的柱头用尽心机，利用各种方式增加柱头表面积，在柱头表面分泌黏液等。

果桑柱头　　　　　　　　虎榛子柱头　　　　　　　　核桃柱头

虫媒花。这类花大抵是最受人类和昆虫欢迎的。你确定是欢迎吗？嗯，好吧，我收回，是关注。为了吸引昆虫，有的花瓣色彩夺目，有的花瓣散发各种气味，有的花瓣自带蜜兜，还有的花瓣模拟昆虫可以做到无风自动……在进化途中，植物们各显神通，投昆虫所好，其目的都是为完成传粉大计，产生更多样的种子。

植物产生花粉需要消耗能量，虫媒花为吸引特定的昆虫和小动物等，要么产生花蜜，要么需要鲜艳的花被，要么需要进行模拟伪装。花序按照一定空间位置排列、按照次序开放的策略，能够充分发挥花的团队作用。例如菊科的头状花序植物中，舌状花虽不能形成种子，但它负责起到吸引昆虫的作用，大量管状花聚集在一起提高传粉效率，按次序开放从而能多次吸引昆虫到来传粉。

花的气味是花朵释放的挥发性小分子。最常见的用途是"宣传单"，发布"饭菜已好，速来"的定向招募令，告知饭菜类型，勾起传粉者的食欲，最远可散发到几公里。芳香甜蜜的花香招徕蜂类等传粉者，散发腐肉或粪便等恶臭气味的花朵吸引蝇类或甲虫等昆虫。在兰科、天南星科等植物中，气味充当诱饵，模拟食物、产卵地、配偶等信息，诱骗昆虫访花，在没有付出任何报酬的情况下成功传粉。还有一些花的气味中含有性激素前体等物质，当作报酬，被传粉者收集。

除此之外，植物准备了甘甜的花蜜、营养的花粉作为酬劳。但它也有"小心机"——花序上会出现与含蜜花形态相同的空蜜花（不产生或产生微量花蜜的花）。东亚森林中分布着的东北延胡索就是这种情况，它的主要传粉者熊蜂是如何应对这种"减薪"行为的呢？一开始它会随机访花，当连续遭遇空蜜花时，它就会转而访问更远距离的花序。这样一来，花粉与不同基因型卵子相遇的概率就提高了，而与此同时，尚未被访问的花因无花粉而败育，结实率降低，节省下来的营养就会被储存到球茎中，以供来年开出更多花。在被子植物中，科学家发现兰科植物中约1/3的物种、活血丹、马樱丹等1000个非兰科物种中都有空蜜花现象。

稠李 苍蝇

芸香 雄蕊运动

为了提高异花授粉的成功率,有的植物拉长了授粉时间。如华北楼斗菜的柱头渐进成熟,雄蕊也依次成熟。芸香刚开花时,雄蕊们平卧在对着的花瓣内,之后某一个雄蕊就像被忽然唤醒,花丝一边伸长一边站起,慢慢地向雌蕊靠拢,到达柱头上方(花朵中央)时,花药散粉,便于被访花昆虫采集带走,此时雌蕊还未成熟,散粉完毕,雄蕊再向外运动,回到原位。雄蕊站起的时间15分钟,散粉150～200分钟,回到原位10～40分钟,接着其余的雄蕊依次重复上述运动。待所有雄蕊运动完毕后,雌蕊方才成熟,开始接受花粉,这时自己的花粉已经散播完毕,柱头只能收集来自异花的花粉。科学家在旱金莲科、虎耳草科等花中都观察到类似的雄蕊运动现象。

水媒花。有一群植物终生也离不开水。与陆地植物一样,它们也有两性花和单性花,也存在自花和异花传粉。依据传粉的形式分为水上传粉、水面传粉和水下传粉三种。水面和水下传粉通常需要水作为媒介,刚好应了"靠山吃山,靠水吃水"的俗语。

黑藻

黑藻属于"水下人家",终生在水下度过。每年5～9月时,我们可以看见叶腋处的雌花和雄花。雄花率先成熟,光合作用产生的气体在雄花序表面形成气泡,随着时间的推移,气泡慢慢地变大。强大的浮力最终会将花梗扯断,雄花序脱离植株,漂浮至水面。然后雄蕊成熟,将花粉散落在水面。之后花粉随水飘荡,期待与柱头相遇。

晴天,雌花盛开。光合作用产生的气体经过雌花中央的通道,在其表面形成气泡。在气泡的帮助下,雌花向水面生长和运动,有一部分到达水面。条形的花被如雨伞般撑开,在水面形成碗状凹陷,造成了微小的落差,附近的花粉随着水流汇向"碗底",即柱头。终于,柱头与花粉相遇。柱头分泌的黏液也终于派上了用场。

五、花的生长变化

（一）迎春花芽变形记

(1) (2) (3) (4) (5) (6) (7) (8) (9)

（二）山桃花芽变形记

(10) (11) (12) (13) (14) (15)

(16) (17) (18)

注：(1) 随着温度的升高，花芽萌动；(2) 花芽变大，先长个后变胖；(3) 露出了长条形的萼片，叶绿素尚未合成，呈现砖红色；(4) 露出火柴头状的花蕾，可以看见花瓣一片压一片，有的花蕾红红的；(5) 终于开花了，里侧的花瓣还翘着，还未完全展开；(6) 盛花期；(7) 将要谢幕，花瓣开始往后卷；(8) 花谢了，枝头上留下了绿色的萼片；(9) 萼片也掉了，叶芽萌发，长出新枝条；(10) 度过艰难的冬天，春天终于来了，圆滚滚的山桃芽变大了，芽鳞片被撑开；(11) 红色、光滑的萼片露出来；(12) 生长的粉红色花瓣顶开萼片，中心出现了一个小孔；(13) 花瓣露得更多了，中间的叶芽也正发育；(14) 红色的花柱从花蕾中伸出；(15) 花瓣继续伸长、变大，终于又把花柱包裹住了；(16) 花瓣微开，开始泌蜜，柱头分泌黏液，看上去亮晶晶的，开始营业——接受花粉；(17) 花瓣完全展开，花药开裂散发花粉；(18) 花冠、雄蕊萎蔫凋落，花谢了。目光如炬的你肯定已经发现上述图片展示的不是同一朵迎春花或山桃花发育过程。拍摄初期就给目标芽挂上了标签，也力争每天都去，但是总有突发事件，比如天降任务，或者花芽中途发育停止等情况，导致 3 年也未能拍摄同一朵花的发育过程。但是生命不止、工作不息，我会努力的。

六、有趣的花

花是有花植物的生殖器官，主要承担生成种子的任务。为了高效地传粉，植物的花真是八仙过海各显其能：有的花生成花蜜，有的花有芳香味，而有的却发出恶臭气味，有的花特别小，而有的却特别大，有的花颜色随着时间发生变化……真是趣味多多，状态万千，我们一起来看看这些有趣的花吧。

（一）已知最古老的花——潘氏真花

潘氏真花标本只有 12mm 见方，产自辽宁省的侏罗纪地层，由古植物学者潘广先生收集发现。经过古植物学家鉴定，发现潘氏真花具有花萼、花瓣、雄蕊、雌蕊等典型被子植物花朵的所有组成部分，而且胚珠被包裹。因此，1.62 亿年前的潘氏真花成为迄今为止世界上最早的、无可争议的侏罗纪时期的被子植物花朵，属名定为真花。

（二）世界上最大的单生花——大王花

大王花原产自马来西亚、印度尼西亚的爪哇、苏门答腊岛的热带雨林，直到18世纪才为世界其他地区所认识。大王花奇特的是，它硕大肉质的叶已经退化，整株植物也没有叶绿素，不能自己进行光合作用。大王花只能用退化成菌丝体状的营养吸取器官，寄生于其他植物的根、茎或枝条上吸收营养生活。

大王花一生只开一朵花，雌雄异株，花期4天，直径最大能达到1.5m，从而获得"世界花王"的美誉。有趣的是，花开放之后会散发具有刺激性的腐臭气味，因此又有了腐尸花的异名。

（三）花序最大的草本植物——巨魔芋

来自印度尼西亚苏门答腊岛热带雨林的另一种奇特的植物——巨魔芋，拥有世界上最大的花序，并且也散发腐臭气味。

巨魔芋是多年生球茎植物，块茎最重可超过100kg，每株只能长出1片叶子，这是片很大的复叶，其叶柄通常高3～4m，叶片直径超过5m。生长季结束后，当地下球茎储存足够的能量之后，叶片将凋落，植株进入休眠，之后长出高大的肉穗花序。花序外有呈佛焰状的苞片。花序开放时，散发出刺鼻的尸臭吸引对应的甲虫进行传粉。经过植物学家的努力，北京植物园成功栽培巨魔芋，并多次开花。

大王花模型

巨魔芋的复叶

巨魔芋的花序

（四）有花还是无花——无花果

一般的开花植物都具有根、茎、叶、花、果实、种子六大器官，可是我们日常生活中有一种水果，只见其果而不见其花，人们称其为无花果，无花果真的无花吗？

无花果

无花果是桑科榕属植物，雌雄异株，原产于地中海沿岸，在唐代从波斯传入中国。仔细观察也很难发现它的花朵，但如果尝试切开一个个球状的花托，你会发现在花托里面密密麻麻排列着很多小花，植物学家称其为隐头花序。

那么问题来了，里面的花无法靠风帮忙传粉，大多数昆虫也不容易进出采食花粉。无花果是如何完成授粉的呢？原来，在球形花托的顶部有一个小孔，这个孔很小，一般的昆虫难以进出，只允许一种叫榕小蜂的昆虫来帮它授粉。榕属植物传粉高度依赖榕小蜂，榕小蜂也以榕属植物的花序为产卵繁殖的场所，这种动植物进化成特定的对应关系叫协同进化。

无花果

（五）会变色的花——绣球

花艳丽的颜色令人赏心悦目，不同的颜色也有助于吸引特定的昆虫或动物帮忙传粉，从而结出更多可繁育下一代的种子。有的植物的花有多种颜色，有的植物的花会改变颜色，绣球即是其中一种。

绣球为虎耳草科绣球属植物。6～8月，绣球盛开时有粉红色、淡蓝色或白色的花朵，伞房状聚伞花序远看像一朵一朵圆滚滚的绣球，花团锦簇，大而美丽。

绣球不仅花色多样,而且花瓣还有变色的特性。按照开花时间长度,花色由白色变成黄绿色,然后是蓝色或粉红色,最后成为蓝色或红色。绣球为什么会变色呢?研究发现绣球的花色是花瓣细胞内的花色素苷引起的。这种色素苷属于花青素类,并且只有与铝离子结合后才能显示蓝色。酸性土壤时,绣球会吸收土壤中游离出的铝离子,开出蓝色花;反之在碱性条件下,绣球花开出红色花。因此与其他花青素"酸红碱蓝"不同,绣球反而是"酸蓝碱红"。

七、花与生活

(一)插花艺术

说到花与生活,插花艺术不得不提。东方插花艺术起源于中国,由西周、春秋战国绵延至今,已有3000多年的历史。插花艺术萌芽阶段的古代先民,将花朵制成花束、头花、胸花等,在赋予植物等各种吉祥寓意的基础上,以花传情、以花饰体、敬神祭祀、制作衣裳,具有极强的实用性和浪漫情趣。《诗经·郑风》有云"维士与女,伊其相谑,赠之以芍药",记载了上巳节情人们互赠芍药花传情的生动场景。屈原在《离骚》中也描述了人们用荷叶制成上衣、将莲花拼合好做成下裳的情景——"制芰荷以为衣兮,集芙蓉以为裳"。这一阶段的插花虽然没有章法和技巧,但是却充分地表现出了先民们对花的喜爱。

到了汉、魏、南北朝时期,插花艺术有了进一步发展,既有盆中作景的意念出现,又有水养插花的产生,这一时期流行的插花审美为"四方八位"的对称式造型。插花艺术兴盛始于隋、唐、五代时期,宫廷插花、寺观插花、文人插花、民间插花都已出现,插花中对花材、花器、插制技术、品赏方法都有了要求,还出现了插花的著作,插花已成为专门的艺术学科。

中式插花

到了宋代，喜爱插花之风遍及全国，插花成了有文化修养的人必备的生活技艺，当时的"生活四艺"包括插花、点茶、燃香、挂画，插花位列首位，也是"生活四艺"中最生动、最引人入胜的艺术形式。宋代插花受理学和文人书画的影响，在主题、构图、选材、内涵上都注重理性探索，形成线条自然流畅、构图清疏淡雅的自然风格。明清时期是中国插画史上成熟和完善的时期，形成了完整的理论体系，确立了独特的风格和特色，取得了辉煌的成就。高濂在《瓶花三说》中提炼出"瓶花之宜""瓶花之忌"和"瓶花之法"，对后世具有创造性的贡献。袁宏道所著《瓶史》包罗插花的方方面面，如花目、品第、器具、择水等，后来传入日本，被奉为插花经典。

经历了清末的战乱频发、国事衰微，花事萧条，插花发展缓慢，直到改革开放才重新焕发生机。现已形成中国传统插花、中国现代插花和中国现代花艺。

（二）花与诗词

美丽的花朵除了以插花的形式走进居室，更是备受古代诗人、词人的青睐，人们期望花儿可以永开不败，因为它是那么美丽，让人心情愉悦，让环境充满生机。然而再美的花朵也无法阻挡时光消逝的自然规律，因此诗人们也用落花来表达对春天的不舍，感叹着或悲或苦的心情。人们用花表达着丰富情感和意蕴，逐渐从触觉、视觉升华到情感高度。

荷花

海棠花

菊花

桃花

春兰

梅花

下文整理了用花表示"美好和生机""高洁和清雅""惆怅和苦闷""坚毅不屈"等几种意蕴代表的诗词：

1. 美好和生机

《游园不值》

叶绍翁（宋）

应怜屐齿印苍苔，

小扣柴扉久不开。

春色满园关不住，

一枝红杏出墙来。

《小池》

杨万里（宋）

泉眼无声惜细流，树阴照水爱晴柔。

小荷才露尖尖角，早有蜻蜓立上头。

2. 高洁和清雅

《爱莲说》

周敦颐（宋）

予独爱莲之出淤泥而不染，濯清涟而不妖。

《离骚》

屈原（春秋）

扈江离与辟芷兮，纫秋兰以为佩。

《孔子家语》

与善人居，如入芝兰之室，久而不闻其香，即与之化矣；与不善人居，如入鲍鱼之肆，久而不闻其臭，亦与之化矣。丹之所藏者赤，漆之所藏者黑。是以君子必慎其所处者焉。

3. 惆怅和苦闷

《题都城南庄》

崔护（唐）

去年今日此门中，人面桃花相映红。

人面不知何处去，桃花依旧笑春风。

《如梦令》

李清照（宋）

昨夜雨疏风骤，

浓睡不消残酒。

试问卷帘人，

却道海棠依旧。

知否，知否？

应是绿肥红瘦。

4. 坚毅不屈

《寒菊》

郑思肖（宋）

花开不并百花丛，独立疏篱趣未穷。

宁可枝头抱香死，何曾吹落北风中。

《梅花》

王安石（宋）

墙角数枝梅，凌寒独自开。

遥知不是雪，为有暗香来。

（三）食用花卉

花卉不仅可以满足人们的精神需求，作为烹饪原料和食品工业的原料，更是已经和我们的生活紧密联系在了一起。

鲜花可以入菜，它艳丽的色彩正好符合中国菜对色、香、味俱全的讲究，粤菜中的菊花凤骨、大红菊，鲁菜中的桂花丸子，沪菜中的荷花栗子、桂花干贝、茉莉汤，都是撩人食欲的著名美味。

鲜花可以酿酒，桂花酒、菊花酒和玫瑰酒等甘醇可口，花香温馨，自古有之，至今不衰。

鲜花可以做成饮料，各种花茶既能保留爽口的茶味，又兼具馥郁的花香，在市场上极为畅销。

鲜花也是制作糕点的重要原料和佐料，鲜花饼、鲜花月饼、鲜花汤圆都已经投放市场，受到消费者的好评。为了生产鲜花糕点，专门种植可食用鲜花的生产基地也已经建立。

鲜花中含有大量的天然香料、非活性物质和天然色素，可利用蒸馏、压榨等现代技术进行提取，添加于食品、药品和化妆品中，让其产品更加健康。

据不完全统计，可食用的花卉现有180多种，隶属于97个科100多个属。月季、荷花、桃花、槐花、杏花、海棠花、梅花、菊花、百合、玫瑰、茉莉、桂花等都是常见的鲜花食材原料。

我国地域辽阔，花卉资源十分丰富，开发利用好我国丰富的花卉资源，可以满足人们日益增长的物质和精神需求，前途十分光明。

（四）药用花卉

有些花卉除了可以食用，还有防病治病的功效，比如白兰花，将其花朵佩带在身上，或是挂蚊帐内，可以枕香安眠；辛夷，又名紫玉兰、木笔，其花蕾入药，具有镇痛、通窍、散寒、清脑等功效，常用于治疗鼻窦炎。

著名中草药"金银花"具有清热解毒、消炎肿痛的功效，其药用部位也是花蕾，花蕾以肥大、色清白、握之干净者为佳。5、6月间采收，择晴天早晨露水刚干时摘取花蕾，摊开晾晒或通风阴干。用蒸馏法提取金银花的芳香性精油可制成"金银花露"，可治小儿胎毒、疮疖等症状。

曼陀罗，《本草纲目》中又记载为"风茄儿""山茄子"，其花、叶、果实各部分都含莨菪碱、东莨菪碱等成分，可作麻醉、镇痛之用。

入药的花

花卉可入药的植物还有很多，如裂叶荆芥、野菊花、旋复花等，或发汗解表、或消肿解毒、或健胃祛痰，都是不可多得的良药。

（五）花粉致敏病

花给人们的生活带来很多便利，但是同时也带来了一些困扰，花粉致敏病就是其中有代表性的例子。花粉致敏病是指飘浮在空气中的花粉与人体接触后，导致人体产生的如过敏性鼻炎、过敏性皮疹、支气管炎和哮喘等疾病。据统计，在美国，花粉过敏的发病率为5%～15%，欧洲可达20%，我国近年来城市绿化规模不断扩大，花粉过敏的发病率虽然不如欧美高，但也呈逐年升高趋势。

研究人员在监测一年中的花粉含量的时空变化、确定致敏花粉类型和致病的花粉浓度的基础上，可以建立致敏花粉日历，预报花粉传播的时间和空间规律。从空间上讲，北方地区的空气花粉种类主要以草本植物花粉为主，如菊科的蒿属、豚草属、藜科、苋科和莎草科等。我国南方地区刚好相反，空气花粉种类主要以木本植物花粉为主，如松属、悬铃木属、杉属、柏属等。

从时间上来看，春秋两季为空气致敏花粉的传播高峰期。其中，春季以松属、柏属、杨属、柳属、榆属、桑属和木麻黄属等木本花粉为主，秋季则以草本花粉为主，如蒿属、豚草属、藜科、苋科、莎草科等。同春季相比，入秋后我国降水逐渐减少，气候更为干燥，使得致敏花粉传播更为广泛，花粉致敏病的情况也更为严重。

自然观察知识篇

长白松雄球花

油松雄球花

参考文献

[1] 刘敬婧，侯英楠，瞿礼嘉，2013. 高等植物受精过程中雌 - 雄相互作用的分子调控机制 [J]. 中国科学：生命科学，43(10)：842-853.

[2] 孟希，王若涵，谢磊，等，2011. 广玉兰开花动态与雌雄异熟机制的研究 [J]. 北京林业大学学报，33(4)：63-69.

[3] 李庆军，许再富，夏永梅，等，2001. 山姜属植物花柱卷曲性传粉机制的研究 [J]. 植物学报，43(4)：364-369.

[4] 予茜，2004. 华北耧斗菜繁殖行为研究 [D]. 武汉大学.

[5] 张斯淇，徐强，邓秀新，2014. 无融合生殖与柑橘多胚现象的研究进展 [J]. 植物科学学报，32(1)：88-96.

[6] 萝赛，2004. 花朵的秘密生命 [M]. 钟友珊，译. 南宁：广西师范大学出版社.

[7] 侯晓静，王成，李伟，等，2008. 城市居民区圆柏花粉浓度的时空变化及其影响因素 [J]. 城市环境与城市生态，21(4)：33-36.

[8] 江伟明，潘睿聪，罗传秀，等，2018. 城市空气花粉的研究进展 [J]. 生态科学，37(06):199-208.

[9] 赵兴楠，2017. 花蜜呈现策略的繁殖生态学研究 ——以四种典型泌蜜植物为例 [D]. 东北师范大学.

[10] 任明迅，2010. 两性花的雄蕊运动：多样性和适应意义 [J]. 植物生态学报，34(7)：867-875.

[11] 马博俊，2018. 黑藻的传粉生物学研究 [D]. 湖北大学.

[12] 李俊兰，方海涛，薛朝霞，2008. 绿化树种山桃花的生物学特性研究 [J]. 北方园艺 (11):106-108.

[13] 王莲英，2019. 中国传统插花艺术 [M]. 北京：化学工业出版社.

[14] 王冬良，2020. 食用花卉 [M]. 北京：化学工业出版社.

植物的果实

一、导入

当植物用花朵装扮自己的时候，就意味着果实的世界也同时来到。花开花落，演绎着生命世界的轮回。当花朵完成传粉使命以后，花萼、花瓣、雄蕊渐渐脱落，雌蕊的基部，孕育着下一代生命，开始慢慢膨大成熟，人类单独给它取了个名字——果实。果实也延续着花朵的策略，通过改变自身的颜色、气味以及精巧的结构，利用大自然的力量和动物的贪婪，把自己的子子孙孙，带到适合他们继续生存生长的海角天涯。下面让我们一起欣赏聆听果实的自然话语，感受他们对种子的忠诚职责。

二、果实的类型

什么是果实，当花朵中的子房发育成熟时，连同里面包裹的种子，我们把它称为果实。在人类的知识体系中，把仅仅由子房发育而来的果实，称为真果，来源单一。如果由子房外其他结构如花托、花萼等附件一起发育而来，称为假果。当我们观察苹果或黄瓜时，会发现膨大的部分在花朵的下面，这样的子房我们称为下位子房，这样的花称为上位花，花托与子房的包裹关系决定了两者一起膨大，这样发育而来的果，与真果相对，称之为假果。自然界中可没有真果和假果，他们的任务都一样，排除万难，保护种子，带着种子，尽最大能力，打破自然界赋予植物世界的"固着一处"的生存法则。为了实现这一目标，果实的外形、大小、结构千差万别，各显神通。

如果一朵花里，只有一个雌蕊，这个雌蕊无论是单体的，还是多体联合的，我们都把这样的果实称为单果。如果一朵花里，生有许多单独的雌蕊，他们独立发育成小果，汇集生在膨大的花托上，我们称这样来源的果为聚合果，顾名思义，聚在一朵花上的果。最熟悉的聚合果，莫过于草莓了，我们吃的是膨大的花托，似种子的点点实际上是它的果实。公园里春天最常见的是玉兰，一朵花里，聚合很多果实，每个果实包裹着红色种子。当每朵花聚合在花序轴上时，外形很像一个果实，如桑葚、菠萝，这种由整个花序发育形成的果实，称为聚花果。聚合果是一朵花形成的，而聚花果是多朵花聚合一起形成的。

核桃——发育中的子房

广玉兰——聚合果

桑——聚花果

果实成熟过程中，果皮的含水量会向越多和越少两个方向发展。如果肉质变得多汁，含水量高，称为肉果，水果多数属于此类；如果果皮逐渐脱水，果皮成熟时就会变得干燥，比如板栗、葵花子。当果皮脱水速度或程度超过果皮的承受能力，果皮就会开裂，这样的果实我们称为裂果，比如我们熟悉的大豆豆荚。借助风和弹射传播的种子，果皮通常都会开裂。果实开裂的方式，也是非常有趣的，有孔裂，有盖裂。当然有的果皮终生不开裂，比如花生，我们称这样的干果为闭果。而多数美味多汁的水果，多属于肉果，不存在是否开裂的现象。有人可能会质疑，石榴成熟时也开裂，也多汁啊。关于种皮和果皮有时我们容易犯经验性判断错误，石榴多汁的部分是外种皮发育来的，而内核是内种皮发育来的，为了不跟我们经验冲突，我们可以称它为浆果状果实。种子是一枚时，果皮和种皮可能会愈合一起，我们肉眼分不清果皮和种皮的分界线，经验会让我们把他们看成一粒种子，比如小麦、玉米，这样的果实称它为颖果，禾穗谓之颖，这类果是禾本科家族的特有果实。

连翘——开裂的蒴果

三、果实类型与传播

果实的结构类型与它们的历史使命紧紧相关。要想在这个星球上生存下去，就要利用一切可以利用的条件，包括风、水、动物，当然也包括控制我们人类的食欲。

对我们人类，最有吸引力的是果实的美味。这类果实多为肉质果，果肉多汁，食后难以忘怀，如葡萄、柑橘、桃、梨，还有大西瓜等等。果实的果皮通常有三层，内果皮、中果皮和外果皮。我们可以根据肉质果的内果皮的质地再进行分门别类，方便我们记忆和交流。内果皮肉质或多汁的为浆果，如番茄、柿子；柑橘也是浆果，但果实被分成多瓣，我们把这类浆果称为柑果，橘皮是它的外果皮，白色的橘络是它的中果皮，三层果皮差异还是蛮大的吧。最容易区分的就是核果了，内果皮变成了硬壳，如桃、李、杏、枣，如果想取出硬核内的种子，通常需要借助工具。如果一种果实既多汁又有硬核，我们还是习惯硬核为先，如樱桃，称核果，而不称浆果。我们切开苹果、梨的果实，先找到种子，再观察内果皮，它的内果皮革质，我们把这类肉质的假果称为梨果。对于瓜类，我们习惯称之为瓠果，瓜类独有，果皮无明显界限。

樱桃——核果

砍瓜——瓠果

果实通过色彩的变化，告诉我们其成熟的程度。鸟类的视觉很灵敏，也会被果实的色彩吸引，人类不感兴趣的许多小型浆果，通常都是为鸟儿准备的，比如我们熟悉的金银木红红的小果实，鸟儿取食后，伴随鸟儿的飞翔离开家园。种子被种皮保护而不容易消化，经过消化作用，种子更容易萌发，鸟儿的粪便也成为种子传播的沃土，聪明的植物真是把鸟儿的机关算尽了。

大自然的风是廉价的，果实们也纷纷展示利用风的才华。利用风传播的果实，果皮通常会变得干燥，种子也会尽可能减轻自重；在形状上，球形或像鸟儿一样长出翅膀、羽毛，有利于其随风飞行。蒲公英是利用风的典范，在减轻自身重量的同时，充分利用花萼发育成的羽毛，像一个个小伞兵，在空中飘摇。榆钱成熟了，像片片雪花飞离母亲，我们把像榆钱一样的，果皮延伸成翅，适应风力传播的果实，叫作翅果。果实的翅膀可以生长在一侧、两侧或四周，我们可以寻找白蜡、臭椿、杜仲、元宝槭，欣赏他们的翅果，这也是一种艺术盛宴。种子和果实不容易区别时，很容易把带翅的种子也看成翅果，比如油松的种子也带有翅膀，这叫种子具翅。烟花三月，杨柳花开，漫天飞舞，拾起一捧杨柳絮，小不点种子被蓬松的白絮托起，回看挂满枝条的绿果果，个个笑开了嘴。平常我们更留意杨柳絮，很少关注杨柳的果实，这种成熟时开裂的干果，具有两个或多个心皮，我们称为蒴果。留意下小不点的白种子排列秩序，整齐地排列在两心皮结合线上，不是所有的种子都沿心皮缝线生长的。利用风传播最成功是兰科植物，数以百万计的种子需要我们利用显微镜才能观察到，极度压缩种子的大小，来弥补热带树林风量少低的缺陷。兰花的果皮，只要做好保护幼嫩的种子的工作就好了，它们也属于开裂的蒴果。

鸦葱——连萼瘦果

油松种子及种翅

求人不如求己，许多果实发明了自己的机械装置，把成熟的种子弹射出去。喷瓜，这个葫芦家族瓠果的成员，成熟后，液体挤满果实内部，挤压着果皮，如果受到触动，果实与果梗结合部位就会砰的一声破裂，像皮球被刺破一样，里面的种子及黏液可以喷射出十多米远。凤仙花，是我们身边最容易观察到的，果实成熟后，轻轻一碰，果皮像弹簧一样，反转收缩把种子弹射出去，成熟度越高，弹得越远。酢浆草也是发明弹射结构或装置的植物,当果实成熟时,果皮开裂,为增加弹射力量,假种皮急剧反弹,可以将种子弹射出1m开外。有人认为,爆裂和反弹两种传播机制是相通的。

苍耳的果实

龙芽草的果实

牛蒡的果实

搭载交通工具。苍耳、鬼针草、龙芽草、牛蒡等植物为了长途旅行也是费尽了心机,它们表面长有各种勾刺,强行搭载皮毛动物,对于具有衣冠的我们,它们也是能搭载尽量搭载。水,廉价的交通工具,人类发明了舟船,方便游子远行,而植物母亲,也把果实打扮一番,让它们逐波远航。我们走进椰子的世界,可以入口的白色椰肉和可口的椰汁是种子的胚乳,是用于发芽的营养储备。外果皮薄而光滑,而中果皮纤维质,厚而松散,增强漂浮能力,内果皮就是内层的椰壳,非常坚硬,可以防水。椰子在果实的类别中,因为内核坚硬,当然要称呼它为核果。

四、有趣的果实

神秘果，名字中透露着神秘，让我们一起揭开它的神秘面纱。北京教学植物园温室水果厅展示有神秘果，如果没人告诉你它的名字，谁都不会注意到它。叶子像栀子叶大小，集生枝顶，果实就藏在叶子下面，不留意也不容易发现它。神秘果不是中国原产，它的家乡在热带，非洲加纳、刚果地区，是当地人酸性食物的基本食材。神秘果属于浆果，成熟时椭圆形红色，比较艳丽，长度1cm左右，形态、大小和颜色跟我国的山茱萸果实相似。吃起来也没有特别的味道，果实中内核占大部分体积，这坚硬的内核是它的种皮。神秘果的果实虽然其貌不扬，但它能改变人的味觉，吃着是酸的，感觉却是甜的。

神秘果里到底是什么神奇物质有如此奇特功效？原来神秘果的果肉里有一种糖蛋白，这种物质我们称它为神秘果素，它能影响我们的味觉感受。神秘果素在鲜果里活性最高，所以干燥后的神秘果，神奇功效就会消失。这种神秘果仅仅改变味蕾，不参与化学变化，是理想的自然甜味添加剂，说不定我们身边的甜食里就有它。当神秘果素被唾液带走，效果自然消失，一般能持续20分钟到2小时。不要指望吃下一粒神秘果，世界就会全是甜蜜，它只对酸味有效，苦辣咸涩依旧。

神秘果素是如何影响我们味蕾的呢？神秘果素本质是一种变味糖蛋白，它会跟我们舌头上的味觉细胞结合，在中性条件下没有活性，当在酸性条件下，它可以激活感知甜味的味蕾，同时又能抑制感知酸味的味蕾，使其暂时失去知觉，这时我们对甜味会最敏感。所以在吃过神秘果之后，再食用酸性食物，只会感觉到甜味。

近些年，学者研究发现神秘果中含有多种对健康有益的生物活性物质，除了能改变人们的味觉之外，还具有很高的经济价值和药用价值，在食品、医药、保健等行业都备受青睐。神秘果对于减肥或高血糖人群可能也是一个很好的宝贝，既能满足口福，又不会有副作用。

神秘果果实及种子

香蕉，生活中常见的一种水果，说它稀奇，你可能不太相信。香蕉作为植物的果实，其奇特之处就在于它颠覆了果实本来的作用。就像前文中说的那样，果实生来就是为了保护和传播种子的，可我们在食用香蕉时，并不能找到它的种子，所以香蕉是天然的无籽果实。香蕉的栽培历史久远，最初的可食用的无籽香蕉是如何出现的，又是如何演变到今天的，科学家仍然在研究当中。

香蕉既然没有种子，那又是如何繁殖呢？它是依赖宿存的地下根状茎来繁殖。我们将不依靠种子的繁殖称为无性繁殖。香蕉的无性繁殖是香蕉成熟后，地上部分会被砍掉或死亡，但是地下茎仍然存在，地下茎上的芽，会萌发产生苗。无性繁殖的优点是可以保持品种的优良性状，可是由于亲代和子代遗传性状的单一性，这种遗传方式也有致命的弱点。当一种致病菌来临时，它们有可能会全军覆没，给蕉农带来潜在的风险。在19世纪后半叶，当时全世界大部分地区流行种植一种名为"大麦克"的香蕉品种，是因为它个大可口，又耐储存。后来，有一种叫"香蕉枯萎病1号"（巴拿马病）的真菌席卷而来，这种真菌感染香蕉植株后，使其无法运输水分和营养物质，最终导致香蕉树（习惯上称为香蕉树，事实上香蕉是草本植物）枯萎死亡。更为严重的是，这种真菌可以长久地存在于土壤当中，使得受它感染的土壤再也无法种植"大麦克"香蕉。最终，世界上的"大麦克"香蕉在20世纪50年代就几乎销声匿迹了，目前，只有少数几个地方还有零星种植。

在这场灾难中,另一个香蕉品种"华蕉"因为具有抵抗"香蕉枯萎病1号"真菌的能力,逐渐取代了"大麦克"香蕉,成为目前世界上栽培最广泛的香蕉品种。然而,目前"华蕉"也面临着类似的问题,一种新的"香蕉枯萎病4号"真菌悄然来袭。人们正在从两个方面努力:一方面开始严格防疫,阻止"香蕉枯萎病4号"真菌的蔓延;另一方面,人们开始通过各种育种方式去寻找具有抗病性的新香蕉品种。相信在人类的努力下,这种被绝大多数人喜爱的水果能够获得永生。

香蕉(魏红艳摄)

花生。我们常吃的红薯、马铃薯、大蒜、洋葱等作物,可食用的部位都生长在地下。那么你有没有想过,这些蔬菜是果实吗?如果你知道果实是由花发育而来的,就能准确地得出答案了。没错,这些都不是果实,它们只是植物用来储藏营养的器官而已。再想一想,花生也是生长在地下,它是果实吗?花开在地上,也应该在地上结果,怎么能跑到地下呢?然而事实上,花生就是这么不走寻常路,成为了这世界上唯一地上开花,地下结果的植物。

通常情况下,花的出生地就是果实立足的地方,但花生偏偏把自己的果实送入黑暗的土壤中。那么,它是怎么做到的呢?当花生的花在完成授粉后,会慢慢长出一根长长的、像植物的根却又不是根的特殊结构,叫作"果针"。经过大约3天的向下生长,这个神奇的结构就可以把受精的子房送到土里去。如果你尝试用硬物覆盖土壤表面来阻止果针钻进土里,就会发现没有进入土壤的果针不会有太大变化,它的顶端一般不会膨大结出花生果实来。但是如果你用空的遮光瓶套住果针,就会惊奇地发现果针又能结出果实了。这说明花生结出果实的条件之一就是黑暗环境。此外,花生并不是整个结果期间都需要黑暗的环境,一般果针钻入土壤后的20～25天,即使重新暴露在阳光下,幼果依然能够正常生长直至成熟。当然,黑暗也不是花生结果的必须条件,通过触摸或碰撞硬物这样的机械摩擦刺激,就算是在有光的条件下花生也能正常结果。因此,满足黑暗和机械刺激这两个条件的任何一个就可以结出美味的花生了。

果实结在地下对于花生自身来说有什么好处呢?众所周知,植物的果实是重要的繁殖器官,担负着"传宗接代"的重要使命,但美味的果实总是容易招来动物们的惦记。为了保护种子,大部分果实都有坚硬的内果皮或种皮,比如我们吃的桃、杏都有坚硬的核,动物或人只吃果肉部分,这就给种子留下了繁殖的机会。再比如曼陀罗的种子,除了有着坚硬针刺的果皮保护,还能产生有毒的生物碱来避免动物食用它们。而花生既没有坚硬到牙咬不动的保护种子的结构,也没有产生有毒物质的特殊本领,但却进化出地下结果这种独特的保护种子的能力。由此我们可以看出植物为了保护它们的繁殖器官真是八仙过海各显神通啊!

花生钻入土里结实,彰显了植物的生存智慧,其机理是复杂而神秘的。新的研究表明,在水分亏缺的条件下,个别没有钻入土壤的果针也能膨大形成果实,只不过与正常地下生长的果实相比个头要小一些。关于花生,还有很多有趣的现象可以做进一步的研究,人们可以借此更加深入了解花生,更好地种植花生。

植株和果实

花生果针

种子和果实

五、果实与生活

  生活中有些营养元素依赖于从植物的果实中获取,但入口的果实主要的成分是水,水分的含量超过85%以上,是名副其实的"水"果。不像谷物和蔬菜,水果中含有芳香物质和糖,口感好,可以直接鲜食,成为最方便的食材。今天的我们不能像古人那样直接采来入口,要求更加卫生健康的我们,面对水果首先想到的是如何去除农药残留。美国曾做过一项水果清洗研究,搓洗水冲30秒,使用洗涤灵或果蔬清洗剂,跟清水没有区别,都能显著降低残留,看来能否洗去农药残留,并不取决于洗涤液,而是如何清洗。知道了如何清洗水果,去除农药残留,是否就可以随心所欲地吃水果了呢?水果之所以被人类喜爱,还因为它能提供甜味——糖类物质,对于减肥和特殊人群,了解一点水果知识,还是很有必要的。什么样的水果属于高糖水果呢?衡量一种水果含糖的多少,用100g所含糖分的质量来表示,含糖量达到15%的就属于高含糖量水果了。我们的味蕾能感觉到甜度高低,但甜度跟糖的多少并不完全一致,味蕾会欺骗我们。举个例子,山楂,一提到这两个字就会流口水,感觉是酸,而不是甜,实际上山楂含糖量22g/100g,属于高糖水果。这是因为山楂的酸类物质含量高,干扰了我们味蕾对甜度的敏感性。西瓜、草莓我们通常感觉是比较甜的水果,可是他们却是名副其实的低含糖量水果,西瓜含糖量5.5g/100g,草莓6g/100g。这又是怎么回事?我们的味蕾,对果糖最敏感,蔗糖、葡萄糖次之,淀粉最次,西瓜和草莓糖类含果糖比例高,所以感觉很甜,但总糖量并不高。反之,不甜的水果,含糖量也可能很高。看来选择水果,仅仅依靠感觉是不够的,味觉不是万能的。哪些水果吃着甜、含糖量却不高呢?拿个小本记下来吧,除了西瓜、草莓,还有杧果、菠萝、樱桃、葡萄、哈密瓜等。哪些是升糖高手呢?如鲜枣、榴莲、柿子、荔枝等。

  水果在我们的生活中,不仅仅能提供能量和必需的维生素,在医药、工业、保健等各方面,都有植物果实的身影,比如素有"植物油皇后"美誉的油橄榄。甚至果实的奇特结构也给人类的发明带来启示。据说瑞士发明家乔治带着他的宠物狗在野外散步回家后,发现自己的裤腿和狗毛上沾满了草籽,草籽在狗毛上粘得很牢固。仔细观察后，他发现原来是草籽的表面有钩状的结构。基于这样的发现，乔治发明出了尼龙搭扣，也就是我们常见的魔术贴，现已经在生活中得到广泛应用。

果实不仅是植物种子的保护伞和传播使者，也是天然营养宝库，它养育了我们人类，给予了我们健康和智慧。

参考文献

[1] 冯慧敏，2018. 基于细胞质基因组分析的芭蕉属植物系统发育及栽培香蕉的起源研究 [D]. 海南大学.

[2] 冯慧敏，陈友，武耀廷，2016. 基于基因组学的香蕉种质资源遗传多样性与进化研究进展 [J]. 海南热带海洋学院学报，23(05):87-91.

[3] 邵秀红，窦同心，林雪茜，等，2018. 香蕉对枯萎病的抗性机制研究现状与展望 [J]. 园艺学报，45(09):1661-1674.

[4] 林宽雨，2019. 香蕉"保卫战" [J]. 科学大众（中学生）(Z1):60-61.

植物的种子

一、导入

  你有没有见过漫天飞舞的杨絮怪？轻飘飘的毛絮，不小心就会飞到你的眼睛、鼻孔或嘴巴里，让人恨得牙直痒；有没有在金色银光大道上看到过低头弓腰捡拾银杏种子的大爷大妈；在吃西瓜的时候有没有误吞过西瓜籽儿，心里暗暗想它不会在我肚子里发芽吧……这些都是植物的种子。站在我们人类的角度来看，它是我们食物的主要来源，可以将它们做成炭烧，也可以干炒、磨碎加工制成各式各样的美味食品，既果腹又解馋。但如果出于好奇想尝试，也会让你吃尽苦头，比如吃了苏铁朱红色的小果子就会眩晕、恶心、呕吐，最终自食苦果。当然亦可以将植物的种子做成漂亮坚固的植物饰品，将你装扮得更加靓丽。但是如果站在植物的角度上看，它结种子的目的是什么呢？它是将自己身体的设计图纸托付给种子，由种子延续自己的生命基因，所以种子对植物来说有着传宗接代的重要作用。下面让我们走进植物的种子，一起来了解它的精彩故事。

二、有趣的种子

  地球上有 24 万种以上的种子植物，它们的种子继承父母的遗传信息，这些信息会决定个体的差异，因此不同植物的种子形色各异，千差万别。

（一）种子的形状

在人类世界有高矮胖瘦之分，同样在植物种子世界，它们的形状也各有不同，既包括外观形状又包括表面及附属结构的微观形态。

从外观形状上看，种子有圆形的、纺锤形的、方形的、不规则形的等多种形状。

形态各异的种子（辛蓓摄）

有些种子自带萌态，看上一眼便让人心生怜爱。比如苦瓜的种子像小乌龟的的龟壳，紫藤的种子像衣服上的纽扣，栓皮栎的种子跟我们儿时玩过的小陀螺相仿，香椿的种子像小脚丫，鸡麻的种子很别致，像卡通版的四叶草，让人不禁感慨自然界竟有这般萌物！

紫藤种子

栓皮栎种子

苦瓜种子（魏红艳摄）

鸡麻种子（魏红艳摄）　　香椿种子

如果凑近这些萌物，细心的你会发现它们有些光滑发亮，有的身上有穴、沟、网纹、条纹、突起等雕纹，大自然鬼斧神工，为种子修饰了容颜。射干、牡丹的种子乌黑发亮，而地雷花的种子周身凹凸不平，栓皮栎种子条纹深邃，倒地铃的种子则比较俏皮，长着白色心形图案，如果再添上几笔，很像小猴子的脸。

射干种子（魏红艳摄）　　牡丹种子（魏红艳摄）

地雷花种子

栓皮栎种子

倒地铃种子

有些种子个头较小，植物父母便发挥智慧，为它们备好翅、刺、冠毛、芒和毛等行囊，送它们踏上旅途。萝藦种子有银白色柔软的冠毛，像一把撑起来的降落伞；泥胡菜种子成熟后很像棉花糖，它的冠毛上长有形似鸟类翅膀的侧枝；木槿种子上的毛极为别致，金色硬毛排成一列，很像狮子的侧脸；紫薇的种子与它们不同，长着类似知了翅膀的翅，助力其飞翔。

萝藦种子　泥胡菜种子　种子特写

木槿种子　紫薇种子

（二）种子的大小

说起种子界的"大佬"，非海椰子莫属，它的种子有箩筐那么大，每粒平均重达15kg，相当于一个几岁孩童的重量。如此巨大的种子可以为幼苗生长提供充足的养分，使得幼苗完全没有生存的后顾之忧。七叶树的种子只有3～4cm，虽然不能跟海椰子种子相提并论，但绝对算得上种子界的"翘楚"。它的种子富含淀粉，成为森林里小动物们的可口食物，到了冬天，被偷偷搬走的种子大部分被吃掉，而幸免于难的种子便会发芽。

七叶树种子

论起最大，必有最小。有一种叫斑叶兰的植物，它的种子细如尘埃，是世界上最小的种子。200万粒种子只有1g重，8000万粒的重量才能达到1个鸡蛋的重量。恐怕只能放到显微镜下才能看清它的庐山真面目吧！还有一些相对较小，但我们用肉眼就能看到的种子，比如荠菜、车前的种子。

（三）种子的颜色

作为植物生命的开端，种子也具有斑斓的色彩，赤、橙、黄、绿、青、蓝、紫等大自然里存在的颜色在种子上几乎都可以找到。大部分植物种子的颜色比较单一，以黑色和褐色居多。而有些植物的种子呈现镶嵌颜色，如蓖麻种子、豌豆种子身着精致的花纹，仿若披上了美丽的衣裳。

蓖麻种子

不同植物种子颜色各有不同，那么同种植物不同品种的种子在色彩上是一致的吗？答案是否定的，不同品种的种子颜色也可表现出多样性。我们在超市会看到琳琅满目的豆子，黄色、黑色的大豆；绿色、红色的菜豆等等，如果不仔细辨认就会张冠李戴，给豆子们认错亲戚！

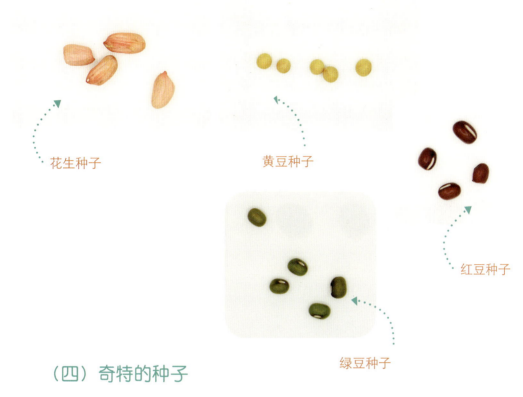

花生种子

黄豆种子

红豆种子

绿豆种子

（四）奇特的种子

寿命长与短

生长在沙漠中的梭梭树，它的种子被认为是世界上寿命最短的种子，只能存活几个小时，但是生命力却极强，只要有一点点水，在两三个小时内就会生根发芽。与之相反，有些植物种子寿命可达千年。1951年，人们在辽宁省普兰店泡子屯村的泥炭里发现了一些古莲子，并推断它们已经沉睡了约千年，在重见天日后，古莲子竟能发芽并绽放出粉红色的荷花。

罕见的竹米

竹米是竹子的种子，它极少开花，大部分在50～100年时才会有开花现象，但是开花后就会成片的死亡，而且不是所有的竹子开花都可结出竹米。因竹米不易得到，被抹上了一层神秘的色彩，传说中竹米是凤凰之食，古代有凤凰"非梧桐不栖，非竹实不食"之说。

散发着臭味的种子

裸子植物在恐龙生活的中生代极为繁盛,银杏便是存活至今的幸存者。银杏的种子外层是杏黄色的肉质外种皮;中种皮骨质、白色,因此得名"白果";薄膜状的内种皮包裹着肉质的胚乳,可食。银杏"果实"成熟后会散发着臭味,尽管如此,为了吃,我们人类还是很有耐心的。

莲子

银杏种子

三、种子的旅行

种子的传播可以扩大植物后代的分布范围,有利于种族的繁衍,同时也为丰富植物的适应性提供了条件。植物由于不能像动物一样改变自己的位置,运动到自己想去的地方,种子植物为了扩大后代的地盘,使出浑身解数借助各种外力或者自己的能力传播自己的种子。种子植物利用自己的智慧让种子搭上"便车"去旅行。

(一)种子旅行风作"车"

地球上空气的流动形成了风,风无处不在,风是许多植物种子去旅行的"免费车"。

借助风力旅行的种子,有些种子细小而质轻,能悬浮在空中被风力吹送到远处,比如很多兰科植物的种子,可以随风吹送到数公里外。有些植物的种子具有借助风力"飞翔"的结构,比如"翅"状外形或者绒毛等。裸子植物白皮松的种子种皮铺展成翅状,可以借助风力轻易地飞向四面八方,以扩充地盘。有些种子表面常生有绒毛或者冠毛,这种特殊的结构可以借助风力飞翔,比如萝藦科的萝藦;还有杨、柳树的种子长着轻柔的绒毛,可以乘着风自由飞翔,飞到遥远的地方。有些种子外包被的果皮上有冠毛等,如菊科蒲公英、飞蓬等的果实可以随风飞翔,这样种子可以分散很远;有的种子轻且有翅,可以搭上风这个"免费车"飞到远处,比如毛泡桐,冬天毛泡桐果实开裂,有翅的种子在风中飞舞,飘到很远的地方。单子叶植物芦苇的颖果重量很小而且其上长有绒毛,可以借助风力飞翔。

芦苇的果实(李朝霞摄)

萝藦的种子(李朝霞摄)

毛泡桐种子和果实(李朝霞摄)

(二)种子旅行水载"船"

被子植物中有的果实很轻可以漂浮在水面,借助水的流动把种子传播到远方。比如莲,莲蓬像小船一样载着莲子去旅行,以扩大自己的地盘;比如椰子,果实可以漂浮在水面上把种子传播到很远的地方;还有世界上最大的种子海椰子,可以漂浮在海面上随着洋流将种子传播很远。

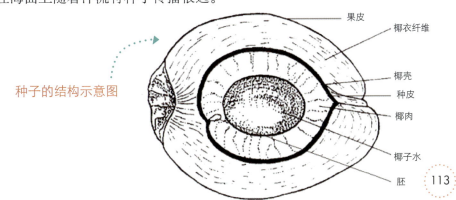

种子的结构示意图

（三）种子旅行自力更生

有一些被子植物的种子靠果实本身的机械力量撒播异处，如大豆、绿豆、豌豆、花木蓝等果实成熟时，干燥的果实急剧开裂，产生机械力将种子弹出撒向远处；蔷薇科椴梓果皮爆裂似炸弹将种子撒出去；凤仙花的果实成熟时果皮一触即发崩裂后将种子弹出很远。堇菜属早开堇菜的蒴果果皮纵裂并向内挤压时种子射出传播到远处。

花木蓝的种子
（李朝霞摄）

早开堇菜的果实开裂
（李朝霞摄）

喷瓜的瓠果成熟时，果实内部浆液和种子由于自身产生的巨大压力喷射而出。

（四）种子旅行动物帮忙

动物喜欢食用一些被子植物的果实，果实被动物吞食后，果皮部分被动物消化吸收，由于种子被坚韧的种皮保护未经消化，随着动物的粪便排出，散落各处，种子得到了广为散布的机会，如桑、构树的果实被喜鹊等鸟类食用，种子被动物排出体外散落各处。

被子植物的果实或者种子上有刺毛、倒钩或者分泌黏液，能够黏在动物的皮毛上或者人类的衣服上，随着动物或者人类的活动散布到较远的地方，如苍耳的果实上有倒钩，鬼针草的瘦果上有刺毛。

植物的种子营养丰富，常常是某些动物的食物，这些动物经常搬运果实或者种子并埋藏到地下储存，留存的种子有一部分吃掉，一部分被动物"忘掉"，这些种子在原地萌发，如松鼠、田鼠等动物会把松、核桃等植物的种子或者壳斗科的坚果埋到地下，让这些种子在动物的帮助下传播到较远的地方。

构树的果实
（李朝霞摄）

四、种子的结构

　　种子是裸子植物和被子植物特有的器官，是由胚珠经过受精发育而形成。裸子植物由于胚珠裸露没有子房包被，所以种子没有果皮包被，种子里的胚有种皮保护，被子植物的胚珠包被在子房内，种子里的胚不仅有种皮的保护，还得到果皮的保护，果皮特化出很多结构帮助种子传播以扩大植物的地盘，为植物的种族延续创造了更好的条件。成熟的种子一般由种皮、胚和胚乳三部分组成，有一些植物成熟的种子只有种皮和胚两部分组成。

　　胚是种子最重要的部分，新的植物体就是由胚生长发育而成。成熟的胚由胚根、胚芽、胚轴和子叶四部分组成。胚根在种子发芽时生长发育成根，胚轴是连接胚芽和胚根的部分，生长发育成幼茎，胚芽发育成新植物体的芽。

　　子叶是植物体最早的叶，不同植物的种子，其子叶数目也不完全相同。裸子植物种子的子叶数目不一定，有些是两片子叶，如圆柏、银杏等，也有些是数片子叶，如松、云杉、冷杉等。被子植物中依据子叶的数目以及植物的一些特征分为两类：双子叶植物和单子叶植物。一般情况下，双子叶植物的种子有两片子叶，如豆科、葫芦科的植物，棉花、菠菜等；单子叶植物一般只具有一片子叶，如禾本科、兰科的植物等。有一部分植物的子叶具有储藏养料的功能，可以给种子发芽时提供营养物质，如大豆、落花生等。有些植物的子叶在种子萌发后露出地面，进行短期的光合作用，如油菜、蓖麻等。

豇豆种子结构
（李朝霞摄）

种皮包被在种子的最外层，由珠被发育而成，细胞结构紧密，具有保护着胚和胚乳不受外力机械损伤和防止病虫害入侵等作用。种皮的性质与厚度因植物种类不同而异。有些植物由于果皮坚硬，种子一直被包在果实内，种皮结构简单，薄若纸片，如花生、桃等；有些植物的种子成熟时暴露在外面，这类种子一般具有坚厚的种皮，如大豆、蚕豆等；也有些种子有硬壳，如茶、蓖麻的种子；有些植物果皮与种皮愈合，种子成熟时种皮被挤压紧贴在果皮内形成共同的保护层，如小麦、玉米、水稻等。棉花的纤维是种皮表皮细胞的突起。

胚乳是种子内储存营养的场所，有一些成熟种子具有胚乳，储存物质主要是糖类、脂类和蛋白质，如玉米、小麦等种子的胚乳主要储存物质是淀粉。有一些成熟种子不具有胚乳，发育过程中营养物质转入子叶中，如大豆、落花生等。

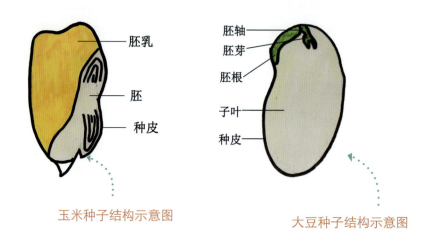

玉米种子结构示意图　　　　　　大豆种子结构示意图

自然观察知识篇

玉米种子纵切后胚乳被染色
（李朝霞摄）

五、种子的萌发

（一）种子萌发的条件

一粒种子成长为一株参天大树，是个神奇加点运气的事情。一颗饱满有生命的种子，要萌发成一个完整的幼苗需要具备下面三个条件：

充足的水分

充足的水分是种子萌发需要的首要条件。水分的充分吸收，能促进种皮的软化，增加透气性。氧气的进入和水分的双重作用，启动了胚细胞的代谢活动。呼吸作用、酶的活性以及各种生理生活作用的增强，使得种子开始萌发生长。一般种子萌发时要吸收其干重的 1 倍或更多的水分，体积也会增加 1 倍左右（大豆浸泡图）。因而播种之前，可以采用浸种的方式促进种子的萌发。

浸泡（12h）与未浸泡大豆

117

适宜的温度

种子萌发时,内部发生了一系列复杂的生化反应,需要酶的催化。适当的温度范围才能促进酶的活性,因而在种子萌发的整个过程中,都需要适宜的温度。一般植物的种子萌发最适温度为 25～30℃,具体植物的种子萌发需要的温度会有差异,一般与原产地相关。原产于热带的植物,萌发时需要的温度一般较高,而寒带地区的植物种子萌发的温度一般较低。

充足的氧气

种子萌发需要很多能量,这些能量就来源于种子旺盛的呼吸作用。充足的氧气是进行呼吸作用的必要条件。因而在种子萌发的过程中,要保证通气良好,一定要避免播种过深或土壤积水。

有了上述这三个条件,很多种子成熟后也不会立即萌发,要经过一段时间的休眠,这种现象称为种子休眠。种子休眠是植物应对外界条件形成的适应机制,如温带地区植物的种子往往需要在低温(0～6℃)条件下经历数周或数月的休眠。种子的休眠原因很多。如苜蓿、刺槐等由于种皮坚硬,阻碍空气和水分的吸收,而处于休眠状态;如银杏、黄连等植物的种胚未发育完全,必须经过一定时间的后熟,才能萌发,而杨、柳、小麦、水稻和一些热带植物的种子几乎没有休眠期。

克服了休眠,种子在吸水膨胀后就进入一个不可逆的过程——萌发。

(二)种子萌发的过程

具有萌发力的种子,在适宜的条件下,胚细胞迅速分裂、生长,胚根突破种皮从种孔中伸出,向下生长形成根(玉米萌发图),不久胚芽也突出种皮向上生长,形成茎和叶(玉米萌发过程图)。

玉米萌发

玉米萌发过程

不同植物的种子在萌发时，由于各部分的生长速度不同，形成的幼苗在形态上也不相同，常见的有两种类型：

子叶出土的幼苗

种子在萌发时，下胚轴（子叶和初生根之间的部分）迅速生长，把子叶和胚芽推出地面。大多数裸子植物和双子叶植物的幼苗都是这种类型。子叶出土后，立刻展开，通常变为绿色，可以进行光合作用，胚芽继续生长，再展开的叶片就称为真叶（牛蒡、蓖麻幼苗图）。

牛蒡幼苗（魏红艳摄）　　蓖麻幼苗（魏红艳摄）

子叶留土的幼苗

一部分双子叶植物（如豌豆、蚕豆、核桃）和大部分单子叶植物（如玉米、水稻、小麦等的种子）的种子萌发时，下胚轴不伸长，上胚轴（子叶和第一片真叶之间的部分）和胚芽迅速生长形成幼苗，而子叶一直留在土壤中。

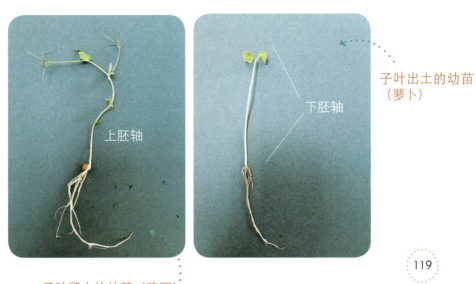

子叶留土的幼苗（豌豆）　　子叶出土的幼苗（萝卜）

六、种子与生活

（一）物质资源

种子是植物重要的繁殖器官，也是人类生活的主要物质来源。

我们赖以生存的粮食作物，如谷类、豆类等几乎都是植物的种子。很多植物的种子也是重要的中药，如牛蒡子、决明子、五味子、杏仁等等。植物的种子也是美酒和饮料的主要来源，在全球贸易中，咖啡的价值仅次于原油，可以说咖啡豆是世界上最有价值的种子。

生产油脂是种子的专长。我们的食用油，如豆油、花生油、菜籽油、葵花油等等，几乎全部来自于种子。这些油脂也是重要的工业原料。蓖麻、大豆、油棕榈、玉米等油料作物的种子榨取的油脂及其衍生物，可以用于生产化妆品、药品、黏合剂、炸药、增塑剂和润滑油等方方面面。这些植物油甚至可以代替汽油、柴油等作为汽车的燃料，在促进能源永续利用的同时，减少有害气体的排放，是"安全、清洁、高效"的绿色能源。

（二）精神象征

"Though I do not believe

that a plant will spring up where no seed has been

I have great faith in a seed

Convince me that you have a seed there

and I am prepared to expect wonders.

Henry David Thoreau

我不相信

没有种子的地方，会有植物破土而出

我信仰种子

相信我，如果你有一粒种子

就会有奇迹发生"

美国作家、哲学家梭罗的《种子的信仰》，以自然散文形式阐释种子是森林的生命之源，只有敬仰种子中蕴藏的生命，人类才能应对森林资源枯竭的危机，只有尊重种子生命的生态伦理，人类才能与森林共存共荣。

在文学家夏衍《种子的力量》中，植物的种子是世界上力气最大的东西，种子寓意着顽强的生命力，要学习种子坚忍不拔，骄傲地面对任何阻力的精神。

因此，种子在人类的精神世界中象征着希望，心中只要有一粒希望的种子，乘着努力，乘着梦想，一定能飞翔到成功的彼岸。

（三）种子库

为了后代的顺利生长，植物在种子中蕴藏了充足的能量，这些能量滋养着地球上所有的异养生物。为了保护这些珍贵的种子，全世界建立了很多种子资源保护库。在北极与挪威之间的斯瓦尔巴德群岛的永冻层中，建立了全世界最大的农作物种子库——斯瓦尔巴德全球种子库。世界最大的野生植物种子库——英国千年种子库，在 2020 年前保存有 25% 世界有花植物的种子。很多国家对农作物种质资源的收集和保存尤为重视，我国建成世界上最大作物种质资源库，为解决粮食安全问题提供了保障。

参考文献

[1] 何燕燕，张荣京，杨雪琴，等，2018. 多姿多彩的植物种子形态 [J]. 花卉 (17):9-12.

[2] 张玉珍，1998. 种子的轻与重 [J]. 植物杂志 (05):30.

[3] 马炜梁，2015. 植物学 [M]. 北京：高等教育出版社：107-108.

[4] 张志良，瞿伟菁，2003. 植物生理学实验指导 [M]. 北京：高等教育出版社：208.

[5] 亨利.D. 梭罗，2005. 种子的信仰 [M]. 何广军，焦晓菊，宫小琳，译. 北京：中国青年出版社.

[6] 白阳明，何诗瑶，2019. 生态翻译视阈下《种子的信仰》汉译本比较探究 [J]. 湖北工业大学学报 (03).

[7] 胡晋，2006. 种子生物学 [M]. 北京：高等教育出版社.

[8] 乔纳森·西尔弗顿，2014. 种子的故事 [M]. 徐嘉妍，译. 北京：商务印书馆.

动手体验 技能掌握

探究种子生活力

简介

学习测定种子生活力,知道种子是否具有发芽的潜力。了解种子的结构以及胚和胚乳的特性。

关联学科

植物学,植物生理学,农学,历史学,数学。

概念

1. 农业生产中种子是重要的物资,是农业生产的"芯片"。种子是否发芽关系到农业生产甚至粮食安全,测定种子是否具有生活力,对农业生产至关重要。

2. 种子是植物的繁殖体,种子中的胚由具有生命力的活细胞组成的,在较低含水量情况下种子形态稳定,在适当条件下,有活力的种子会发芽,生长发育成新的植物体。

3. 红墨水法检测种子生活力实验方便易操作,在测定的同时学生可以观察种子的结构,促进对种子的认知。

技能

探究能力,动手实验能力,观察能力,合作能力,分析能力,总结分享能力。

材料

塑料桶，保温杯，玉米种子，塑料菜板，水果刀，镊子，红墨水，量筒，试剂瓶，培养皿，水，铅笔。

时间

90 分钟。

活动对象

3～8 年级学生。

活动目标

通过红墨水染色法检测种子生活力，检验种子是否具有发芽潜力。知道有生活力种子的胚是由活性细胞组成的，活细胞的原生质层具有选择透过性，对物质的吸收有选择性，而胚乳的细胞和失去生活力的种子胚是由死细胞组成的，没有选择透过性。了解种子生活力对农业生产的重要性。通过学习可以掌握红墨水法测定种子生活力。了解玉米种子的结构特征。

学生通过实验操作过程锻炼自己的动手实验能力和探究能力，通过与小组成员的合作分工和分享交流习得如何与同学合作交流。

评估方式

- 实践操作，可以在引导学生切种子以及种子的染色和漂洗等探究实验步骤操作过程中，观察学生实验操作的规范性和参与度。
- 实验记录单，审核学生实验记录单的填写是否真实准确，以及对种子知识的掌握程度。
- 学生的交流与分享环节，通过学生的交流总结知道活动过程中学生的收获以及探究过程中的合作情况等。

内容背景

习近平总书记非常重视农业生产，反复强调"确保国家粮食安全，把中国人的饭碗牢牢端在自己手中"。民以食为天，我国一直非常重视农业生产，种子是具有生命力的特殊农业生产资料，无论是原始农业、传统农业、现代农业都离不开种子，种子是农业生产中不可替代的必需物质。种子的优劣直接影响农业生产，从古至今由于种子问题引起百姓饥荒或者农民歉收甚至颗粒不收的情况不少。种子生活力是检验种子质量的重要指标，对学生进行种子安全知识教育，开展对种子认知有益于学生对食物的感情连接，从农业生产角度引发学生爱惜粮食。

种子是否有活力很难从表面看出来，必须进行生活力检测实验才能知道种子能否发芽。能发芽的种子胚是由活细胞组成的，活细胞的原生质具有选择性吸收能力，而死种子胚细胞的原生质则丧失了这种能力。玉米种子中的胚乳是由死细胞组成的，红墨水可以自由通过，在染色过程中，玉米种子的胚乳以及没有活力的胚被染成红色。有可能发芽的种子胚不能被红墨水染红，丧失发芽能力的种子胚则能被红墨水染红。

准备工作

- 活动前进行预实验，知道这批种子的情况。
- 准备探究实验所用的工具：培养皿、红墨水、刀、镊子等以及玉米种子。
- 上课前浸泡玉米种子。
- 打印实验记录单。

活动过程

1. 告知学生探究实验活动的注意事项和安全须知，如果受伤大声让老师知道并解决问题。

2. 教师提问："读历史书不？"引出春秋时吴国由于种植了越国煮过的粟米而大闹饥荒的故事。

3. 学生回答问题，与老师一起分析历史故事中的情节。老师引导学生思考：如果当时吴国在播种前检测种子能否发芽，是不是会避免这一悲剧发生？与学生一起分析现实生活中如何在种植前知道种子的发芽状况。比较种子发芽率以及种子生活力等测定方法的优缺点。

4. 引导学生观察玉米种子的外形，切开种子观察种子的内部结构，引导学生将种子的结构与种子结构示意图中的各个部分对应。教师讲解种子中胚的作用以及特点，说明实验原理，学生预测红墨水会染红活种子的哪一部分。

5. 教师演示实验中的重要步骤，学生依据实验步骤检测种子生活力。学生取样时随机从浸泡过的种子里取出50粒种子，用刀把玉米种子纵切，取种子的一半放入培养皿，倒入配置好的红色溶液。种子染色过程中，引导学生观察种子的另一半剖面，指出胚和胚乳部分。冲洗后依据玉米种子的着色情况如实记录实验数据。

6. 引导学生进行统计，学生依据实验数据得出结论，统计只有胚乳染成红色而胚不被染色的种子数量、胚和胚乳都染成红色的种子数量，依据种子生活力公式计算这批种子的种子生活力。思考哪一部分种子可以播种，哪一部分种子播种后不能发芽。

7. 学生交流和总结，分享活动收获与体会；学生以组为单位交流实验数据，分享实验结论。分享实验中的收获和活动中的感受体会。

8. 学生收拾实验用具并摆放整齐。

染色
（李朝霞摄）

染色后的玉米种子
（李朝霞摄）

探究种子生活力实验记录单

1. 今天试验用的是哪种植物的种子？

   A.花生　B.玉米　C.小麦　D.西瓜

2. 实验中一粒能发芽的玉米种子，纵剖后哪一部分被红墨水染红了？请用红笔涂红或者铅笔画斜线标记染红的部分。

3. 统计各培养皿中种子染色的情况，填写下表

培养皿编号	种子的总数	胚未被染红的数量	种子生活力
1			
2			

拓展

- 鼓励学生在家依照这个实验步骤做小麦或者花生的种子生活力检测实验。
- 学生也可以把炒好的花生与刚收获的花生放在一起做染色实验并进行比较。
- 引导学生查阅种子或者农业生产的资料，了解生活与农业生产之间的关系。

"定制"月季

简介

该活动让学生通过亲自体验育种学家培育月季新品种的过程,发现月季、玫瑰、多花蔷薇的形态差异,了解杂交的流程及注意事项,完成月季的去雄、授粉、套袋、标签撰写的过程。

关联学科

生命科学,环境科学。

概念

杂交:就某个特定的性状来说,遗传上将两个基因型不同的个体之间进行交配。

技能

观察比较能力,操作技能,分析能力。

材料

镊子(去花药用,要求用起来准确、不会伤到雌蕊);

羊皮纸袋(防止别的花粉掉到柱头上,要求透气、昆虫不能进入);

毛笔(授粉用,要求柔软、不会伤害柱头);

标签（记录，要求防水、字迹不会褪色）；

培养皿（装花粉用，要求取花粉、携带方便）；

如果上述材料没有，可以依据其功能开动脑筋寻找到合适的替代品即可。

时间

90分钟。

活动对象

小学5～6年级。

活动目标

认识月季、多花蔷薇和玫瑰，可以举例说出三者之间的差别。能说出月季花的结构。知道月季杂交的流程，感受月季杂交过程，体验实验的精准操作，学习阅读科技文献，培养严谨的科学态度。

评估方式

实践操作，在引导学生利用月季授粉等操作过程中，观察学生操作的规范性和参与度。

学习单，审核学生学习单的填写是否准确、详细。

内容背景

月季是北京市的市花，是城市形象的重要标志，也是现代城市的一张名片。在学习的校园、游玩的公园、行走的路途中，我们经常能与它邂逅。本活动从身边的月季入手，打破常规的课堂传授学习模式，采用亲身观察和实践的教学方法，实现了月季识别知识及其培育手段的体验。

月季杂交的基本流程为，首先在母本上选择子房发育健全、含苞待放的花朵，将花药去除。注意请勿伤及雌蕊、不要捏破花药。仔细检查，有一枚花药留下都将导致实验失败。然后，套上羊皮纸袋，挂上写有日期的标签。第二天，摘去羊皮纸带，将父本的花粉用毛笔轻轻地刷在柱头上。授粉完毕用放大镜检查，柱头上可以看到黄色的花粉方为合格。套好羊皮纸袋，在标签上写上母本和父本品种名字，中间用"×"相连。

父本花粉的制备方法可参照如下步骤，首先选择父本植株上含苞待放的花朵，将花药小心地用镊子取下来，放在培养皿上，标明父本的品种名、花药采集日期、采集人。把培养皿放到通风干燥处，待花粉散落后，将培养皿密封放到冰箱里冷藏保存。父本花粉的采集在母本去雄的同时或前 1~2 天。在此活动中，由于时间的限制，父本的花粉可以由教师提供。

准备工作

设计制作、打印"学生学习单"、教学 PPT、准备月季手镯。

购买用于解剖的月季花。

文件袋内装入培养皿、镊子、标签、羊皮纸袋、毛笔等材料。文件袋数为小组数量加一。

活动过程

1. 以花分组。每位同学领取一条有月季花图片的手镯戴在手腕上。持有相同图案的同学分为一组。创意的手镯明确了本节课的主题，展示了月季花的多样性。

2. 找差异分"rose"。在英语中，月季、玫瑰和多花蔷薇统称为"rose"。它们同属蔷薇属，三者形态相似，人们很难区别。在活动开始，教师带领学生来到月季园，以"实物找茬游戏"的方式导入，迅速吸引了学生的注意力和好奇心。同学们实地观察这些易混淆的植物，发现它们的差异，完成学习单中的连连看部分。

3. 观花朵认结构。学生亲手观察并解剖即将凋零的月季花，调动头脑中储备的花结构知识，完成月季花结构的填写。之后，在教师指导下复习、讨论花各部分的功能和位置，重新审视自己的学习单，纠正错误。并引导学生发现雌蕊群和雄蕊群不同时成熟的现象。

4. "红娘"须知。教师展示千姿百态的月季品种图片，请同学猜测月季的品种数量。近 2 万的品种，近 90% 通过月季杂交培育，这两组数据激发学生当"月季红娘"的热情。进而启发他们讨论、分析杂交中可能遇到的问题。之后，师生共同阅读文献，了解真实的月季品种培育案例，讨论并归纳出杂交流程和问题的解决对策。

月季杂交流程

含苞待放的月季

5. 学当"红娘"。首先以小组为单位阅读了解5个月季品种的优缺点，之后实地观察，讨论、制定月季改良目标，各组分享月季改良计划及父母本的选择。之后，每组拿一套工具，按照杂交流程，实地完成去雄、授粉、套袋、标签撰写的杂交过程。

动手体验技能篇

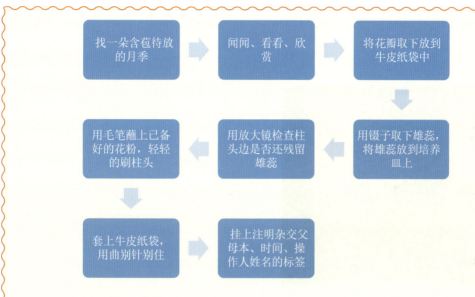

6. 温故知新。以三个问题实现课程的总结和延伸："月季杂交的过程包括哪些步骤？"此问题达到温故的目的；"用开白花马齿苋雄蕊的花粉授到开黄花马齿苋的柱头上，它们的后代会开什么花？"此问题拉近了植物杂交技术与日常生活的距离；以"同学们可以多次尝试，来验证自己的猜想。同学们多多尝试验证猜想，也许你就是下一个'袁隆平'"来激发学生课后用所学开展实验的兴趣。

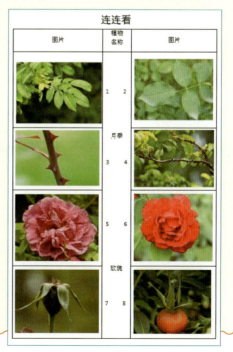

认识月季花

请写出上图中数字对应的花结构：

1 _____ 2 _____
3 _____ 4 _____
5 _____ 6 _____
7 _____ 8 _____
9 _____

培育目标：

"父本"选择的原因：

"母本"选择的原因：

活动感受：

参考文献

[1] 张佐双，朱秀珍，2005. 中国月季 [M]. 北京：中国林业出版社.

拓展

- 本次活动结束后，可带领学生持续关注跟进，体验完整杂交过程中的收获种子、种植筛选等后续实践环节。

- 待果实变红或黄时，就可以将果实摘下，把里面的种子清洗干净，然后放到水中浮选，去掉浮在水面上的空壳和不饱满的种子，保留颗粒饱满的种子。注意种子上有小细毛，敏感的人会发痒，请带好手套。然后把种子放在湿沙（沙子可以握成团，但不会有水滴下为宜）中，沙藏温度 1～4℃，放置 1～2 个月。之后将温度稳定在 5～10℃，把种子播在掺有细沙的腐殖土或草炭土上，并覆盖 0.5～1cm 的蛭石，浇透水。之后，观察种子发芽、幼苗生长，植株开花等系列生长过程，并进行记录。

动手体验技能篇

多肉扩繁·美化校园

简介

通过小组合作学习，体验利用扦插手段繁殖多肉的过程。

关联学科

生命科学，园艺栽培。

概念

1. 多肉是一类品种多样且易于养护的植物。
2. 多肉植物可以利用扦插的方式来繁殖后代。
3. 扦插是一种不同于种子繁殖的无性繁殖方式。

技能

问题解决能力，文献阅读能力，动手操作能力。

材料

常见多肉植物每组1盆（大盆）、提前1～2天摘下叶子若干放在阴凉处晾干伤口（学生提前操作）、洗净的大外卖盒（1组1个）、小型花盆或酸奶盒、用过的塑料小勺、河沙1大袋、腐殖土1大袋、蛭石1大袋、珍珠岩1大袋、温湿度计、学习单、文献资料等。

时间

活动 A：90 分钟；活动 B：90 分钟。

（两次活动视植物生长情况间隔 1 个月或以上）

活动对象

小学 4～6 年级。

活动目标

通过小组合作学习的方式完成项目"多肉扩繁·美化校园"，体验扦插多肉的过程，理解扦插是一种不同于种子繁殖的无性繁殖方式。

评估方式

课堂表现，学生能否积极思考、组内能否有热烈的讨论。

实践操作，关注学生在实践操作环节能否与组员协作完成扦插和移栽。

学习单，检查学生学习单扦插方案、记录表格以及养护卡完成情况。

扦插结果，每个小组能否成功繁殖出 5 盆多肉植物。

内容背景

多肉植物是大家喜闻乐见且易于养护的植物，几乎人人都有养护多肉的经历。因此学生对于多肉植物比较熟悉，有一定的经验，部分学生还具有自己繁殖多肉的经历，这些都为本次活动提供了较好的知识基础和能力基础。

考虑到学生已有的认知结构以及活动主题的可探究性，本次活动采取项目式学习的教学策略，由学生担任学习的主体，以小组为学习单位，强调学生间的团结协作。教师给出关键性问题，并在学生讨论较散乱时给予必要的纠正和引领。本次活动中只有"理解扦插是一种不同于种子繁殖的无性繁殖方式"为知识性目标，其他目标都属于能力和素养目标。本次活动中的扦插方案没有标准的答案，学生基于自己的经验和对文献资料的阅读分析进行扦插方案设计，具有一定的难度，但属于"够一下"就可以达到的学习目标。学生在与小组成员共同探讨中体验扦插的过程，体会实践出真知的快乐。

对于多肉植物的选择,建议老师购买八千代、虹之玉、黄丽、玉吊钟、钱串、星王子(见下图)等常见种类,这些多肉扦插成活率较高。其中八千代、虹之玉等叶片与茎较易分离的适于采用叶插,钱串、星王子等叶片与茎着生较紧密的适于采用枝插。培养盆可以由学生自备一些外卖餐盒、酸奶盒等材料,达到资源回收利用目的。注意在使用前需在盆底打孔,防止积水烂根。

准备工作

选择春、秋两季开展活动,若冬季开展需要注意温度和湿度不能过低,夏季多肉植物处于休眠期,不适宜开展活动。

制作教学PPT、复印阅读文献资料、学习单等。

提前购买几种常见多肉(建议选择八千代、虹之玉、黄丽、玉吊钟、桃美人、钱串等常见品种）做观察及实验材料，提前布置给各小组在教室中养护。购买栽培用基质。准备每组一个温湿度计。

课前布置学生以组为单位查找本小组多肉植物的养护资料，并要求每人提前一天摘下3片叶子放在阴凉处晾干。

活动过程

活动A——

1. 教师提问学生："是否有种植多肉的经历？都种过哪些？是否尝试过自己繁殖多肉？是怎样做的？"学生根据自己的经历回答问题。教师总结多肉植物是一类种类多样的易于养护的植物。之后教师给出本次活动主题："多肉扩繁·美化校园"。并对主题进行解释：每个小组利用现有的材料，能否在2个月的时间里繁殖出5盆多肉植物，用于校园楼道和教室的绿化美化呢？

2. 学生依据教师给出的项目，小组讨论提出若干问题：采用怎样的方式可以在2个月的时间快速繁殖？利用种子繁殖可以吗？利用叶子或小枝繁殖可以吗？需要怎样的条件呢？教师肯定学生的思考，引导学生将关注点方式选择上。应该选择种子繁殖还是其他方式？依据是什么？两类方式有什么本质的不同？学生根据教师提供的文献资料和已有的知识确定利用叶插或枝插这样的扦插繁殖方式进行扩繁。教师强调扦插是一种无性生殖的方式，与利用种子繁殖这样的有性生殖方式具有本质的不同。

3. 教师指导学生通过阅读文献资料制定小组的扦插方案，利用绘图和文字两种方式将方案填写在学习单的第二部分。教师给出引导性提问：选取怎样的基质？选择枝插还是叶插？水分、温度如何？光照强度如何？扦插数量？之后派2个小组分享自己的扦插方案，教师与其他学生共同评价。教师继续提出问题：如何保证能够扦插出5盆多肉呢？怎样算是成活了呢？怎样保证更高的成活率呢？方案中的对策是什么？学生讨论后改进自己的方案，如选择的叶片的成熟度、扦插的角度浇水的频次、空气湿度如何保持等。

4. 扦插操作环节：小组按照自己的方案进行扦插操作。教师巡视指导。

5. 教师介绍扦插后期记录表格，并要求小组至少进行 4 次记录，1 个月后分享扦插结果。

6. 收拾活动场地。

活动 B——

1. 各小组展示自己的扦插结果以及记录表格，分享在扦插过程中遇到的问题、解决方法，以及获得的知识和感悟。每组分享后由教师和其他同学进行评价。在所有小组分享完毕后，由教师对扦插的原理、过程、注意事项进行梳理总结，并肯定学生的获得。

2. 移栽操作环节：将扦插成活苗移栽入事先准备好的花盆或酸奶盒中，移栽过程中注意观察根的发生情况以及是否有新叶或新芽长出。

3. 制作养护卡：小组分工为每一盆多肉绘制一张养护卡。教师提问："在养护卡上要写清哪些信息呢？"学生讨论后回答。教师对养护卡信息进行强调：需要体现温度、阳光、浇水频次、肥料需求，并适当进行装饰。学生绘制好后贴于花盆上。

4. 教师组织学生以小组为单位将扦插成功的盆栽布置于走廊、其他班级教室或教师办公室等场所，并要求学生对自己的成果进行介绍，对养护方式进行说明。

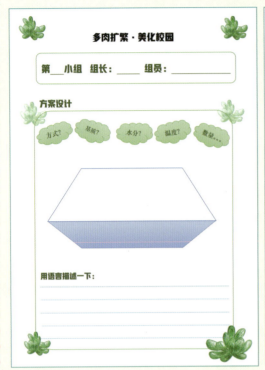
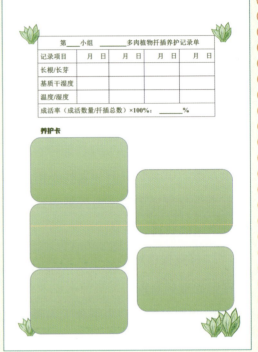

参考文献

[1] 董艳芳，童俊，毛静，等，2018.多肉植物的叶插繁殖试验 [J].北方园艺，No.408(09):121-126.

[2] 秦晓杰，王园媛，樊佳奇，等，2016.多肉植物熊童子叶片扦插研究初报 [J].中国园艺文摘 (2):34-35.

[3] 张潇予，顾笑寅，纪嫣然，等，2020.几种化学药剂处理对多肉植物月亮仙子扦插生根的影响 [J].安徽农学通报，v.26;No.386(04):61-63.

拓展

● 对于掌握较好的学生，教师可以提供萘乙酸等植物激素，指导学生配置不同浓度的激素溶液，浸泡后进行扦插对比实验，探究适于扦插的最适浓度。

● 也可引导学生对月季、木槿、桃等常见绿化进行扦插实验。

动手体验技能篇

大葱

花的团队

简介

观察不同的开花植物，你会发现有的植物单独一根花梗上只开一朵花，有的植物花梗上排列着许多小花，并按照不同的时间顺序开放。我们将花的排列顺序及开放次序称为花序。有的花序中花朵比较容易区分，例如油菜花、鹤望兰等；而有的花序远望去像一朵大花，仔细观察才发现每朵大花中包含了许多小花，例如葱类、菊科植物的花。

花朵按照不同空间位置排列、按照不同时间顺序开放，植物采取这种策略的原因是什么呢？花序于植物来说有哪些优势呢？通过学习观察花的结构和排列，认识开花植物在促进传粉过程中展现的应对策略，了解依靠动物传粉方式的花，其花结构和花序与动物协同进化的趋势。

关联学科

生命科学，植物学，进化生物学。

概念

1. 被子植物中单朵花生于枝的顶端或叶腋处，称为单生花，如郁金香。其他植物的花按一定顺序生长在花轴上，这种排列方式和开放次序称为花序。

牡丹

2. 植物形成雌雄蕊、花瓣等繁殖器官需要消耗一定的资源和能量，开花的目的是为了产生能够繁育下一代的种子。

3. 开花植物授粉方式包括自花授粉、异花授粉或兼有两种方式。异花授粉产生具有丰富遗传性，适应能力强的后代，有利于物种的生存与传播。

4. 不同的位置及不同开放次序是植物对避免自花授粉、促进异花传粉的应对方式，同时节约有限能量，更高效地生产大量可育的种子。

技能

观察能力，抽象概括能力，总结归纳能力。

材料

白纸、学习单等；大白板、油性笔；大花葱、向日葵、百合、火鹤等鲜花植物、无花果（视活动季节而定，选择单生花和容易混淆的花序即可）。

时间

60 分钟。

活动对象

小学 5～6 年级。

活动目标

学生通过观察对比，能够区分单生花和花序；能够将观察的花序进行抽象简化成模式图。结合被子植物进化历史的内容，用自己的话说出花序对该物种生存的作用，人类对自然环境的干扰对其产生的不利影响。

评估方式

- 实践操作，在学生进行观察分析过程中，操作和分析是否有理有据。

- 学生在花序模式图绘制过程中的完成程度。
- 分享过程中对已有知识的迁移引用、表述的逻辑性和科学性。

内容背景

地球上最早的生命诞生于原始海洋，在漫长的历史长河里经历了原始单细胞生物转变成最原始的藻类植物、单细胞逐渐进化为多细胞，生命由水中向陆地演变，依次出现苔藓植物、蕨类植物、裸子植物和被子植物。

被子植物起源最晚，出现在1.3亿~1.35亿年的白垩纪。多样的花朵、不同的授粉方式让被子植物有着更多的优势。所以，从寒冷的高原到炎热的沙漠，现在被子植物在地球上几乎无处不在。

已知"最古老的花"是距今1.62亿年侏罗纪时代的"潘氏真花"。"潘氏真花"化石样本是20世纪70年代，我国著名古植物学者潘广在辽宁西部葫芦岛收集到的。"潘氏真花"直径只有12mm，结构包括花萼、花瓣、雄蕊、雌蕊。

部分开花植物在进化过程中与传粉动物形成协同进化的趋势。开花植物进行开花传粉会消耗大量的能量，将大量的花按照一定空间位置排列，能够在有限的能量条件下完成更多的传粉过程；不同的开花时间又尽量避免自花传粉，增加异花传粉的可能性，增加生物多样性。

准备工作

设计制作、打印"学生学习单"，教学PPT。

活动过程

1. 导入过程。教师提问"同学们，你们观察过花吗？观察过哪些花？"学生回答观察花的情况，可能包括观察过什么花、什么颜色的花等。教师梳理学生的回答，并创设情境导入现场观察花的任务："各位同学都是观察花的小能手，今天老师带来的几种花，请大家帮忙辨析下，你认为这有几朵花？"。

2. 观察任务。教师给每个小组分发大花葱、向日葵、百合花、油菜花、杨花花序等，以及学习单（教师根据实际准备的花材提前修改学习单第一题内容）。

学生仔细观察，填写学习单。各小组将观察结果和学习单问题分享，教师将分享内容呈现在大白板上。

3. 二次观察。教师先不对分析结果进行判断和点评，而是带领学生复习什么是花以及花的结构等内容。各小组按照寻找花瓣、雌蕊、雄蕊的方法再次进行观察，并可以对之前的观察结果进行更改。

4. 介绍花序。教师结合所发放的花材，介绍单生花和花序的概念，对学生学习单结果进行点评和分析。得出结论：大花葱、向日葵等是很多朵花组成的花序。依次介绍总状、穗状、肉穗、柔荑、伞房、伞形、头状、隐头等八种常见花序。

5. 画模式图。花序分类较多，不容易记忆和区分。采取简笔模式图的形式增进记忆和理解。教师可总结各花序之间的形态特点和相互关系，方便学生理解记忆。学生再观察并说出所观察的花的花序类型，完成学习单任务二。

6. 探秘花序。教师安排任务三：观察花序上的花朵的开花状态——是否同时开放，思考原因。学生思考并回答问题。教师梳理学生答案，并从节约资源和能量、最大程度撒播花粉或者吸引昆虫或小动物传粉、避免自花授粉增加异花授粉机会等角度进行展开说明。

7. 分享总结。教师从回顾导入任务"这是几朵花"入手，复习单生花、花序概念，回顾常见八种花序及特点，最后提示以后观察花一定要仔细，看上去像是一朵花的有时候并不是一朵花，而是花的整个团队哦。

无花果

动 手 体 验 技 能 篇

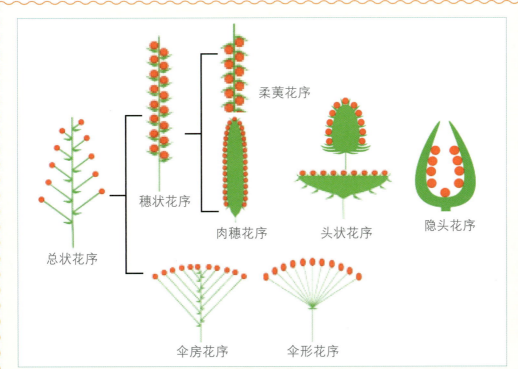

花序理解参考图

山茱萸

145

参考文献

[1] 任毅，2000. 秦岭种子植物补遗——裸子植物门和被子植物门的单子叶植物 [J]. 西北植物学报 (04):653-660.

[2] 刘晗，王丽坤，熊冬金，2009. 木兰门作物 RubisCO 大亚基的分子适应性进化研究 [J].Agricultural Science & Technology，10(04):8-11+18.

[3] 郑晋鸣，武丹，2015. 我国古植物专家发现最早典型花朵 [J]. 中国花卉园艺，No.350：14-21.

拓展

● 植物在进化过程中会高效率地使用有限的资源和能量。除了花序外，植物的叶序以及花序中花的排列，也体现这一特点。例如向日葵的头状花序中，管状花的排列会按照一定的螺旋曲线进行排列，使植物在有限的空间内，尽可能多的排列能够授粉结籽的花。这条曲线具有一定的数学原理，可尝试统计探究头状花序或多肉植物中隐藏的奥秘吧。

花儿为什么这样红

简介

此活动以"花儿为什么这样红"为题引起学生思考,开展对花朵颜色的探究,通过显微镜观察和花色变色实验,探究花色多样及变色的原因,理解花色在吸引昆虫授粉方面的功能和作用。本次活动与小学科学课程标中观察与认识植物的结构,了解植物结构与功能相结合。从自然现象出发提出探究问题,注重已有知识与未知问题的结合,在实践中学习提出假设、验证假设的探究过程。

关联学科

生命科学,植物学,化学。

概念

1．开花植物在自然界中占有重要的位置,有的开花植物通过风进行授粉,有的开花植物通过昆虫或者小动物帮助进行授粉。

2．不同植物的花颜色可能不同,同一朵花有时具有多种颜色。花在不同时期或不同环境条件下颜色也会发生变化。

3．花色在吸引昆虫或小动物方面具有特殊的作用,不同的昆虫识别不同花色的花朵。

技能

观察能力，阅读能力，探究能力，实验设计能力，操作能力，分析能力。

材料

各种植物的花瓣（月季、菊花、牡丹等），纯净水，稀醋溶液；采集盒，显微镜，载玻片、盖玻片、研钵、纱布、烧杯、滴管、试管、铅笔、纸。

时间

90分钟。

活动对象

小学3~6年级。

活动目标

通过显微镜观察花瓣表皮细胞液中的色素，掌握临时装片制作和显微镜使用方法，实验探究不同酸碱条件下色素颜色变化，揭秘花色变化的原因，激发孩子观察生活和环境周围事物的好奇心、了解探究大自然的意愿。

评估方式

- 实践操作，指导学生使用显微镜观察临时装片和实验操作过程中，观察学生参与积极性和规范程度。
- 实验设计方案，小组设计的实验对照方案的科学性、可行性和创新性。
- 学习单，学习单填写是否完整，内容详实。
- 分享，小组分享逻辑性和科学性；听取其他小组分享时的认真程度。

内容背景

植物的叶、花、果实等器官有较鲜艳的颜色，这些颜色由质体中的色素和液泡中的花青素决定。花青素的颜色与细胞液的酸碱度有关，酸性呈红色，碱性呈蓝色，中性则呈紫色。

当花瓣细胞中含胡萝卜素和叶黄素的有色体时，因色素的不同比例而呈现黄色、橙黄色或橙红色。有的花瓣细胞中既含有花青素，又含有有色体，因而花朵可呈现绚丽多彩的颜色；也有的花瓣细胞中花青素和有色体都不存在，则呈现白色。

最早发现不同酸碱环境下植物变色的是英国化学家、物理学家波义耳。波义耳揭开了花色变化的秘密，并因此制成了能够分辨液体酸碱度的酸碱指示剂。

准备工作

- 园区花色观察区域踩点，或者准备瓶装鲜花以备观察。
- 准备"学生使用的学习单"。
- 准备好不同花瓣的临时装片。
- 进行花色变化的预实验，配置好适宜比例的稀醋酸溶液和稀碱液（5%氢氧化钠溶液）。

活动过程（如有条件，可在室外开展活动1、2部分）

1. 导入过程：教师提问同学们，你们见过什么颜色的花，在学生回答基础上提问有没有想过为什么花儿颜色这么多种多样的，激发学生思考与兴趣。

2. 直接观察：引导学生通过看、摸等方式观察园区的花或者瓶中准备的鲜花。组织学生分享观察结果，包括能观察到多种颜色，同一朵花也可能有不同颜色等。

3. 显微观察：如在园区，则组织学生分小组采集部分花瓣回实验室开展显微观察。如采取室内观察，则直接开展显微观察。实物讲解和示范显微镜的使用，组织学生观察花瓣临时装片，观察2～4个不同花瓣临时装片，画出观察到的现象。

4. 阅读材料：教师布置思考任务，探究如何去检测花瓣中的色素，以及花中的色素有什么性质。分发阅读资料单，学生基于所给材料内容提取所需要的信息。

5. 实验设计：小组设计花瓣色素提取和色素性质检测的实验方案。各小组分享实验方案，在教师的指导下进行方案优化。预测滴加不同试剂后的花瓣提取液会产生的颜色变化，尽量选择多种颜色的花材进行实验等。

6. 实验过程：利用已有材料，按照小组的实验设计方案，进行实验操作，教师强调操作规范以及安全。在活动过程中提供必要的帮助，及时发现纠正不规范操作，制止危险的操作。

7. 小组总结：实验过程中，每组将实验结果填写在学习单上。组织学生分小组交流分享实验结果，对实验结果进行归纳：不同颜色花瓣提取液遇到酸碱试剂的变化情况。填写完成学习单内容。培养学生从结果到结论的思维方式，让他们体会科学实验的乐趣。

8. 将整个课堂内容串讲一遍，达到巩固和启发的目的。

学生阅读材料

一、花的颜色及色素介绍

植物的花姹紫嫣红，有的颜色甚至会发生不同的颜色变化。你们知道这是什么原因吗？

★花朵颜色不一样的原因★

花朵的颜色是花瓣细胞结构中的色素对光进行吸收或折射而产生。各种颜色能够吸引不同的传粉者并促进植物繁殖。

所有的花朵颜色都是由植物细胞深处的化学物质——色素产生的。也就是说，植物细胞当中含有丰富的液泡色素，不同的色素比例，呈现不同的花朵颜色，那么为什么有的植物会从一种颜色变换成另外一种颜色呢？

当环境变化时，有的花颜色也会发生改变。比如温度变化，酸碱度变化等，会使得花朵当中一部分液泡色素的平衡发生变化从而显示不同颜色。花朵中的色素及其中间代谢产物不仅使花的颜色丰富多彩，同时也具有一系列重要的生物学功能，如会影响昆虫传粉、植物的防御能力、花粉活性及保护花器官免受紫外线伤害等。

★花朵中含有的主要色素★

①类黄酮。广泛存在于水果、蔬菜、谷物、根茎、树皮、花卉和茶叶等植物中。迄今为止，已经确认有数千种不同的类黄酮。类黄酮代谢途径的终产物为花青素和其他多种化合物，其中包括多种共色素。

②花青素。是花呈现不同颜色的主要色素，已知花青素有20多种，花青素所占比例决定花的颜色。花青素产生的颜色范围是从红色到紫色，在共色素作用下，甚至呈现为蓝色，进而增加了花色的多样性。

③类胡萝卜素。是胡萝卜素及其氧化衍生物叶黄素两大类色素的总称。自从19世纪初分离出胡萝卜素，至今已经发现700多种天然的类胡萝卜素，类胡萝卜素产生的颜色为黄、橙黄或红色。一般秋季植物的黄色树叶，黄色和红色的果实及黄色块根中类胡萝卜素含量较为丰富。类胡萝卜素也是许多植物不同颜色花朵中的一种基本组成色素。

绝大多数植物中，花青素和类胡萝卜素是决定植物花色的主要色素。花青素为水溶性色素，可以溶于水中，花青素含量高的花朵颜色范围一般为红色到紫色。而类胡萝卜素为脂溶性，可以存在于质体中，类胡萝卜素含量高的花朵一般呈现为黄色或橙黄色。不过，植物花朵的颜色，也会随着光照、土壤养分、温度、湿度的变化而产生一定的变化。

二、酸碱物质

英国著名物理学家、化学家波义耳平素非常喜爱鲜花，他让园丁每天送些鲜花来以便观赏。

一天，园丁送来几束紫罗兰。波义耳被鲜花吸引，于是随手拿起一束紫罗兰，边欣赏边向实验室走去。他把紫罗兰往实验室桌上一放，就开始了他的化学实验。就在他向烧瓶中倾倒盐酸时，一不小心将酸液溅出了少许，而这酸液又恰巧滴到了紫罗兰的花瓣上，波义耳立即将紫罗兰拿到水中去冲洗，谁知这下却发生了一个意想不到的现象：紫罗兰转眼间变成了"红罗兰"。这惊奇的发现立即触动了科学家那根敏锐的神经："盐酸能使紫罗兰变红，其他的酸能不能使它变红呢？"

当即，波义耳就和他的助手分别用不同的酸液试验起来。实验结果是酸的溶液都可使紫罗兰变成红色。酸能使紫罗兰变红，那么碱能否使它变色呢？变成什么颜色呢？紫罗兰能变色，别的花能不能变色呢？由鲜花制取的浸出液，其变色效果是不是更好呢？经过波义耳一连串的思考与实验，很快证明了许多种植物花瓣的浸出液都有遇到酸碱变色性质，波义耳和助手们搜集并制取了多种植物、地衣、树皮的浸出液。

　　实验表明，变色效果最明显的要数地衣类植物——石蕊的浸出液，它遇酸变红色，遇碱变蓝色。自那时起，石蕊试液就被作为酸碱指示剂正式确定下来了。以后波义耳又把滤纸浸入石蕊试液，取出晾干，切成条状，制成了石蕊试纸。这种试纸遇到酸溶液变红，遇到碱溶液变蓝，使用起来非常方便。

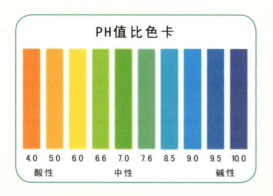

参考文献

[1] 曹慧娟，2002.植物学[M].北京：中国林业出版社.

[2] 赵增煜，1986.常用农业科学试验法[M].北京：农业出版社.

[3] 赵遵田，苗明升，2004.植物学实验教程[M].北京：科学出版社.

拓展

● 植物除了花瓣中存在各种色素，在叶、果实、茎、根等部位也存在色素。可引导学生探究如紫叶甘蓝、紫薯、红心火龙果等，在不同酸碱环境下的变色情况。

● 指导学生搜集关于青花素的资料，通过上述实验结果进行讨论，如何正确看待市面上宣传的紫薯、红心火龙果的营养价值。

花儿为什么这样红   姓名：

直接观察 观察不同的鲜花花瓣，总结观察结果？

我的观察结果是：

显微观察 运用显微镜观察几种花瓣的临时切片，选择其中一种简要画出来。

我的显微观察结果：

所绘制的植物名称

色素探究

请在表格内填上植物花瓣提取液的名称，以及滴加不同试剂后的颜色。

植物花瓣提取液				
清水				
醋				
弱碱				

总结

为大自然做笔记

简介

学习观察和记录自然现象的科学方法,提高对环境的热爱和对自然知识的学习兴趣。

关联学科

自然科学,环境科学,文学艺术。

概念

1. 自然笔记就是为大自然做笔记,是一种亲近自然、了解自然、向大自然学习的学习方式。

2. 做自然笔记的过程,就是和自然真实相处的过程。这个过程不仅锻炼观察能力,更能修炼身心与表达感悟。

3. 自然笔记通常采用绘画和文字结合的形式,也可以只用文字或者结合摄影来记录真实的观察过程。

技能

观察能力,记录能力,科学思维,艺术素养。

材料

用于记录的对象植物或者其他自然物,A4绘图纸(宜选用较厚的素描纸或者水彩纸)、A4板夹、2B铅笔、橡皮、彩色铅笔(或者其他便于携带的上色工具,如软头水彩笔、蜡笔等）、放大镜等。

时间

90 分钟。

活动对象

小学 1～6 年级。

活动目标

了解观察自然的科学方法，掌握记录自然笔记的记录要点，培养专注性及对自然的兴趣；开阔思路与视野，锻炼观察与写作能力；系统的认识自然、研究自然、学习自然与保护自然。

评估方式

- 实践操作，学生根据老师讲解的自然观察方法和要点，观察记录植物对象或者其他自然物对象，根据学生实际操作的情况了解学生对于自然笔记学习的掌握情况。

- 作品分享，鼓励学生主动分享自己的自然笔记的记录过程，自评作品的优缺点，根据学生的展示和分享情况，了解学习掌握情况。

内容背景

什么是自然笔记？

自然笔记是对阅读"自然"所得（可以是新的信息、知识、情感、疑问等等）的记录。自然笔记的内容可以是观察记录、发现感悟、生活随笔、日常杂识等，如：进入自然的研究与发现过程；动植物的生活记录；自然与人生的感悟等，记录和表达所见、所闻、所感的"随笔"。

自然笔记的重要性：

对于学生来讲，能够锻炼观察与研究能力，学会研究与分析在自然中的真实感观，提高表达感悟的能力；能够培养专注性及对自然科学的学习兴趣，发现自然的美丽与神奇；能够开阔思路与视野，锻炼写作能力与艺术修养。

先有观察，后有笔记：

自然笔记是对观察自然所得的感悟的一种书面形式的呈现，自然笔记的过程重在对自然的"观察"，只有亲身感受自然激发出真实的感受，才能做出优秀的自然笔记作品。

准备工作

- 提前规划和设计自然观察路线和主题内容，根据场地和季节的变化，重点观察植物的一类器官，如春季以花卉为主，夏季以叶片为主，秋季以果实为主。
- 根据学生人数，准备A4板夹、A4绘图纸、铅笔、橡皮、彩铅等绘图工具。
- 按照记录要求提前制作自然笔记样本，用于讲解自然笔记的记录步骤和具体的要求。

活动过程

1. 教师提问大家平时在学校有没有做笔记的习惯？引导学生分享平时是如何做笔记的。

2. 根据学生的回答，比如语文课的笔记、数学课的笔记，归纳总结笔记书写的要求要干净、美观，内容要准确无误等。

3. 向学生展示自然笔记作品，引导学生谈一谈自然笔记和我们平时上课做的笔记有什么不同的地方，学生回答比如：记录内容不同，自然笔记有绘画内容，自然笔记更加丰富等。

4. 根据学生对自然笔记特点的回答，进而讲解自然笔记书写和绘制的要点，如：需要详细记录观察的时间、地点、天气等，这些都会影响自然观察物的状态，是记录的重要步骤；要先观察再记录，看到什么记什么，不能凭借自己的想象；绘画不是必须的，但是是最便捷的记录方式，也可以采用文字或者摄影等其他记录方式。

5. 做笔记之前，先训练同学们的观察能力，观察的技巧一是要"慢"，给自然恢复自然秩序的时间；二是要"静"，让自然按自然的秩序进行；三是要"久"，需要长时间的观察才能捕捉到自然的精彩瞬间；四是要"持"，持续地、反复地观察和练习记录，呈现的作品会越来越好；五是要"思"，不要按照书本学习的经验，相信自己的眼睛，思考和寻找答案！

6. 提问学生是否喜欢画画，讲解自然笔记中常用的绘画技法，首先是工具的选择，对于初学者，建议使用铅笔勾线，彩铅上色；其次是绘图的顺序要由近及远，先画离眼睛最近的部分，再画后面的部分；最后注意整体画面的构图，线条的统一性，色彩的搭配、文字的摆放等。

7. 学生带上工具，跟随老师到园区指定地点进行植物观察，先从单体植物器官开始，如一朵花，先分清楚花的结构，雄蕊、雌蕊、花瓣等部位都是什么形态，然后开始自然笔记的记录训练。

8. 教师组织学生进行自然笔记展示和分享，大家都来评价一下自己和他人作品的优缺点，以后做自然笔记需要注意什么？

9. 教师布置小作业，学生回家完成一次自然观察和记录，将自己最满意的作品寄回老师这里，老师帮大家投稿参加自然笔记大赛。

参考文献

[1] 王诚怡，2017. 初中"笔记大自然"生物校本课程开发的实践研究 [D]. 南京：南京师范大学.

拓展

- 自然笔记的观察内容可以由浅入深，也需要根据自然环境中的观察内容来进行，鼓励学生在平时野外游玩的时候注意观察和记录。
- 根据学生的作品情况，可以将优秀的作品与植物素材组合成装饰画或者其他艺术品，联系生活进行创作。
- 可以组织学生将作品进行义卖，丰富学生的社交经验。

为大自然做笔记

学校：
姓名：

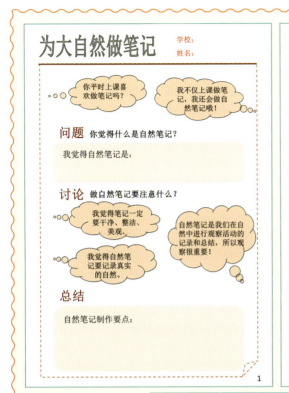

你平时上课喜欢做笔记吗？

我不仅上课做笔记，我还会做自然笔记哦！

问题 你觉得什么是自然笔记？

我觉得自然笔记是：

讨论 做自然笔记要注意什么？

我觉得笔记一定要干净、整洁、美观。

自然笔记是我们在自然中进行观察活动的记录和总结，所以观察很重要！

我觉得自然笔记要记录真实的自然。

总结

自然笔记制作要点：

活动 观察能力大考验

做自然笔记，观察能力很重要！给你5秒时间找出下图中隐藏的一个小女孩！

观察内容

选择你的特定观察对象和内容

例如：今天在植物园看见了美丽的郁金香，美丽的花朵和鲜艳的色彩吸引了我，我仔细观察了郁金香的花瓣和花蕊，我要把它们记录下来。

我的自然笔记

姓名： 学校： 年级：

别忘了自然笔记三要素哦！

时间：
地点：
天气：

芳香油的提取

简介

此活动是利用精油机来提取植物芳香油,通过参与活动初步学会植物芳香油的提取技术,知道芳香植物概念,了解芳香植物与我们生活的密切关系。

关联学科

生物学科,化学学科。

概念

1. 芳香植物是生物物种资源的组成部分,是大自然赐予人类的宝贵财富,与人类生活有着紧密的关系。

2. 芳香植物含有的香气成分,是提取植物芳香油的主要来源。

3. 植物芳香油属于天然香料,能平衡体内机能,起到舒缓压力、提高免疫力、美容护肤等多种保健作用。

技能

观察能力,探究能力,操作技能,分析能力,总结归纳能力。

材料

干薄荷叶,蒸馏机,电子秤,烧杯,专用分流器,漏斗,量筒,玻璃瓶,茶色滴瓶,8升水桶。

时间

90 分钟。

活动对象

4～6 年级。

活动目标

1. 学生学会利用精油机来提取植物芳香油，掌握提取芳香油的基本原理和方法，能区分纯露与精油的不同之处，学会在生活中正确使用的方法。
2. 培养学生合作意识、团队协作的能力。

评估方式

1. 在合作学习中，观察学生的积极性、参与性和分工协作意识。
2. 在芳香油探究实验操作过程中，观察学生的参与性和操作的规范性。

内容背景

芳香植物是植物世界中特殊的一类植物，它们具有香气，可供提取芳香油，如薰衣草、薄荷、迷迭香、柑橘等。科学发现，芳香植物分泌芳香油，不是为了取悦人类，而是为了吸引昆虫传粉、对抗病虫害。芳香油是植物的次生代谢产物，含酯类、醇类、酚类、醛类、酮类、醚类和帖烯类等成分，具有抗菌、抗氧化、驱避害虫等作用。芳香植物的保健功能也正源于此。

人类利用芳香植物的历史悠久，早在我国古代，人们就已经发现具有芳香气味的植物或花卉能使人神清气爽，将这些植物制成干品后，可当作药物和香料使用。但是，植物香料易挥发，不易储存。

中世纪，随着欧洲香料贸易的不断发展，促成了植物芳香油提取技术的诞生。16 世纪，植物芳香油的提取技术逐渐成熟。19 世纪，有机化学迅速发展，人们通过分析植物芳香油的化学成分，发现了芳香油的根源，进而合成了人造香料。但是，人们对天然植物芳香油的独特品质依然情有独钟。

如今，植物芳香油广泛地应用于轻工、化妆品、饮料和食品制造等方面。

根据植物芳香油的特点，常用蒸馏法、压榨法和萃取法等三种方法进行提取，其中蒸馏法最为常见。本次活动采用蒸馏法，利用精油机来提取植物芳香油，使学生了解提取芳香油的基本原理和方法过程，学会某种植物芳香油的提取技术，体验完整的提取过程，感受动手操作和劳动的快乐。

准备工作

- 教学 PPT 的准备。
- 芳香植物材料的准备：购买干薄荷叶，冷水浸泡 5～8 小时，使薄荷叶完全浸透展开待用。
- 仪器和实验用具的准备：精油机、电子秤、烧杯、专用分流器、漏斗、量筒、茶色滴瓶、茶色带盖玻璃瓶（500ml、20ml）、塑料桶等。

活动过程

1. 教师提出问题引入课程："是否了解芳香油？是否见到家人用过吗？"学生对上述问题的回答有些疑惑，甚至肯定地回答"没有"。教师引导学生初步了解芳香油是植物体新陈代谢的产物，由细胞原生质体分泌产生，大多具挥发性，有芳香的气味。然后，通过举例说明哪些植物可以提取芳香油。

2. 教师引导学生进一步了解我国古代及国外芳香油发展的历程。通过图片介绍我国早在古代就已经发现芳香植物，汉武帝时期和秦代就有"住香"和"香妆"的记载；国外精油首批记载来自古代印度、波斯和埃及；到阿拉伯文化的黄金时代，开发出了精油蒸馏的技术。

3. 教师分享图片，展示三种常用的提取芳香油的方法，包括蒸馏法、压榨法和萃取法，使学生初步了解提取的原理和方法。

4. 采用蒸馏法，利用精油机提取薄荷芳香油。教师引导学生开展实验探究，试验植物材料与水的比例，观察记录出油时间。孩子们以小组为单位，合作完成实验设计，分工协作完成实验过程，并分享自己提取的芳香油。

5. 教师组织学生分享，针对孩子们提出的问题进行分析讨论，如"为什么提取出来的芳香油不是热的？""在家可以提取芳香油吗？"等等。

参考文献

[1] 课程教材研究所，2009.生物选修1生物技术实践[M]. 北京：人民教育出版社.

[2] 邓小凤，李雅娜，陈勇，等，2014.芳香植物资源现状及其开发利用[J].世界林业研究，27(06):14-20.

拓展

● 随着社会日益发展，人们生活水平的不断提高，天然的、安全的材料越来越受到重视。可以引导孩子们利用自制的芳香油开发生活中常用的日用品，比如精油皂、护手霜等等。既能够锻炼学生创意设计、动手动脑能力，又能够增强环保意识。

巧手制作叶脉书签

简介

通过学习叶脉书签的制作，了解植物的叶脉类型，理解植物叶脉在叶片中呈现出规律分布与叶脉功能的关系，联结科学、艺术与生活。

关联学科

植物学科，化学学科。

概念

1. 叶作为植物的重要组成部分，是制造营养物质的主要器官，并兼有贮藏和繁殖的作用。

2. 叶片上可见分布规律的叶脉穿行于叶肉之中，起到支撑叶片、传输营养物质和水分的作用。

3. 不同的植物，叶片形状各异，叶脉形状和叶肉质地也有所不同。

技能

观察比较能力，操作技能。

材料

电磁炉，塑封机，塑封膜，毛刷，塑料盆，白瓷盘，各种颜料，毛笔，氢氧化钠。

时间

90分钟。

活动对象

3～6年级。

活动目标

了解植物叶片奇妙的形态结构，学会叶脉书签的制作方法，熟练掌握叶脉书签制作工艺，培养学生的动手能力，体验创作乐趣。

评估方式

1. 观察学生在活动中的积极性与参与性，操作的科学性与规范性。
2. 观察学生叶脉书签展示：叶片的完整性、叶脉的清晰度及作品分享时的表现。

内容背景

植物叶的结构一般包括表皮、叶肉、叶脉等主要部分。表皮起到保护作用；叶肉细胞含有大量叶绿体，是进行光合作用、制造营养的"工厂"；叶脉则起到支撑叶片、传输营养物质和水分的作用。

叶脉贯穿于叶肉中，呈现出有规律的分布，有平行脉、网状脉、叉状脉三种类型。叶脉由坚韧的纤维素构成，在碱液中，叶脉不易被煮烂，而叶脉四周的叶肉容易被煮烂。利用这个特点，可以用碱液（氢氧化钠溶液）将叶肉部分腐蚀掉，保留下叶脉，再经过染色、修饰等操作即可制作出精美的叶脉书签。

尽管如此，并不是所有的植物叶片都适合做叶脉书签，宜选择叶脉坚韧程度强、脉络清晰的树叶，如桂花叶、石楠叶、玉兰叶等，更容易制作出完美成功的作品。

大自然是最好的老师，将植物的科学与美引入学生的学习与生活，有助于促进学生科学、艺术、创新、健康生活等核心素养的培养和提升。

准备工作

- 设计制作教学用PPT。
- 采集桂花树叶子，将叶子放在配置好的氢氧化钠溶液中进行加热煮沸，约10分钟，叶子变黑即可。
- 将叶片取出放在带水的白瓷盘中备用。
- 电磁炉、毛刷、白瓷盘等实验用器材的准备。

活动过程

　　1. 教师从提出问题引导进入课程："是否有同学知道叶脉书签是怎样制作的？教师追问，为什么只保留了叶脉，其他部分呢？"

　　2. 教师引导学生先从叶肉腐蚀原理开始，探讨其中问题。首先，叶肉遇到碱性液体就会发生腐烂，经过加热，它腐烂速度更快。其次叶脉由坚韧的纤维素构成，比较坚韧，不容易被腐蚀。所以我们可以用氢氧化钠溶液将叶肉部分腐蚀掉，叶脉就保存下来了。

3. 教师播放操作示范的视频,学生通过大屏幕直观地了解叶脉书签制作需要经过水洗、煮叶、再次水洗、刷制等步骤,为下一步自己动手制作做好准备。

4. 教师指导学生进行制作,学生练习去除叶肉的技巧,刷制叶肉的力度,留意叶脉的走向,确保主脉和侧脉的完整。引导学生细心、耐心地完成操作,体验实践的乐趣。

5. 教师组织学生进行作品展示,分享成功的喜悦。

6. 教师组织学生思考总结:制作品质好的书签需要哪些条件?在制作过程中,需要注意哪些问题?

拓展
- 可以引导学生完成叶脉书签上色后,进一步拓展在叶脉书签上进行深加工,加入绘画、植物粘贴相关元素,设计新颖、美观、独特的书签,将叶脉书签装饰得更加完美。

水培吊兰

简介

学习水培吊兰的一般方法,观察吊兰的根系,理解根吸收水分和无机盐的重要功能。了解无土栽培的概念和分类,动手操作进行吊兰的水培,用水培吊兰装点家居。

关联学科

植物学,园艺栽培。

概念

1. 水培是一种无土栽培。无土栽培一般分为基质栽培和无基质栽培,二者都需要配合营养液完成。

2. 吸收水分和无机盐是根的重要功能。水培植物在水中能够生长,但水培植物健康生长还需要补充无机盐也就是营养液。

3. 适合水培的植物往往具备发达的通气组织,一般来说气生根对缺氧环境都有较强的耐受能力。

技能

观察能力,探究能力,搜集信息能力,总结归纳能力,分析能力。

材料

吊兰,矿泉水瓶,剪刀,学习单。

时间

90分钟。

活动对象

小学2～6年级。

活动目标

通过水培吊兰操作观察吊兰根的特点，理解根的主要功能和不定根（气生根）的概念，掌握水培植物的一般方法，尝试使用水培的方式栽培吊兰并装点家居。

评估方式

实践操作，在学生水培吊兰操作中，从植物材料的选取、处理和上盆过程以及后期的水培成果，观察是否合理规范。

学习单，检查学生学习单的填写是否准确、详细。

内容背景

吊兰是天门冬科吊兰属草本植物，原产于非洲南部，常见有金心吊兰、金边吊兰、中斑吊兰等品种，广泛用于盆栽观赏。盆栽的吊兰具有簇生的圆柱状肥大须根和短的根状茎，肉质的"萝卜根"可以储存更多的水分，也是植物耐旱的重要表现。成株吊兰叶腋会抽出匍匐茎，并长出一簇簇的小吊兰，匍匐茎上的小吊兰常常有气生根，是理想的扦插材料。

植物水培是无土栽培的一种形式，很多盆栽植物都可以通过水培的方式养护成活，作为室内盆栽，水培不受时间、空间和土壤的限制，水中生长的根系也可以增强植物的观赏性，但由于清水缺少必要的营养物质，所以水培需要配合营养液管理。水培植物由于根系的生长环境不同，会在组织结构、生理状态上发生变化，进而适应水环境的水生根系。试验表明，水培吊兰根系表皮较薄，皮层细胞体积较大，木质部退化，而土培的吊兰表皮多磨损，皮层细胞致密，木质部多元型。这些形态结构的变化都是植物对水生环境适应的结果。

不是所有的植物都适合水培，一些植物根系并不能主动地适应水环境，因此需要通过水生诱导技术将植物陆生组织转化为水生的通气组织,从而适应水环境。根系的诱导是水培植物的核心技术之一,关系到水培能否成功。一般来说本身就适合水培的植物主要有三个方面的特征:一是具有发达的通气组织,植物体内有丰富的储存和运输空气的气室和气道,为地下的根补充氧气,如红掌、花叶芋。二是具有气生根,有些植物在地上部分的茎上会长出气生根,起到呼吸的作用,为地下的根补充氧气,如常春藤、绿萝。三是对缺氧环境的忍耐力强,有些植物既没有发达的通气组织也没有气生根,但对缺氧环境的忍耐力强,也能较好地适应水培环境,如栀子花、鸢尾。

水培吊兰活动在动手操作的过程中引导学生观察吊兰根的形态,掌握气生根的概念,在水培管理中让学生理解根的作用,鼓励学生在日常养护中观察记录根的变化,理解根对环境的适应。

准备工作

- 复印学生使用的学习单。
- 请学生自备 500ml 矿泉水瓶 1 个。
- 带有匍匐茎的吊兰若干、剪刀、海绵条、水源。
- 活动场地布置水培架、基质栽培架等无土栽培设施或装置。

活动过程

活动 A 知识讲授

1. 教师提问:"请同学们想一想植物正常生长需要哪些条件?其中哪些条件是必须的呢?"

2. 引导同学思考土壤是否为植物生长所必须的条件,请学生举例发言说明。

3. 土壤并不是植物生长所必须的。如长在树上的兰花,生长在空气中的凤梨、漂在水面上的水葫芦。

4. 引出本节的重要概念——无土栽培。学生思考能进行无土栽培的植物有哪些。

展示水培架、基质栽培和雾培装置，请学生指出其中的无土栽培装置。当学生不能指出基质栽培时加以引导。请学生采用摸和闻的方式来观察栽培槽中的基质，教师提问："这里面有土吗？"

5. 引导学生归纳概念：无土栽培包括基质栽培和无基质栽培。水培是一种无基质栽培。进而总结出土壤并不是植物生长的必须条件，并更深一步思考："植物生长的必要条件有哪些呢？""把原本生活在土壤中的植物移栽到水环境中，有可能出现什么样的结果？"学生分组讨论，并汇报结果（阳光、水分、氧气和无机盐是植物生长不可或缺的。植物水培时，水中的氧气和无机盐会急剧减少，无机盐可以通过补充营养液获取，而水中的缺氧环境需由植物自身克服并适应。所以适合水培的植物往往具有以下特征：一是发达的通气组织，就像莲藕等水生植物；二是能够长出气生根，从空气中补充氧，就像常春藤、绿萝；三是植物本身对缺氧环境具有较强的忍耐能力）。

6. 引导学生观察吊兰的根系和气生根：说出气生根和土壤中根系的区别，分析吊兰适合水培的原因。

活动 B 水培实操

1. 认识水培工具：容器、剪刀、海绵条。

2. 制作简易水培容器。在矿泉水瓶距底部约 10cm 处剪断，用作水培容器。从顶部拧口处向下约 5cm 处剪断，去掉瓶盖，用作定植篮。

3. 洗根。将吊兰脱盆后，轻轻磕去土坨，将根部置于水中反复漂洗至洁净（也可剪取匍匐茎上的幼株进行水培，省去步骤 3、4）。一边操作一边观察吊兰的肉质根、气生根形态，理解根的作用。

4. 去根。剪去腐烂根，根系过多可适当修剪。

5. 固定。用海绵条夹住根茎结合部，轻轻插入剪好的矿泉水瓶盖处固定。

6. 定植。将矿泉水瓶底部灌满约 4/5 的清水后，将"定植篮"置于其上，使根部约 2/3 浸于水中，注意不可将根茎结合部全部浸入水中。

植 物 四 季 课 堂

7. 成果分享。展示水培操作成果，分析问题和交流心得。

8. 养护要点。以课后作业的形式，引导学生根据学习内容，通过查阅资料等梳理水培吊兰的养护要点，进行日常养护管理，并做好养护和观察记录。

同学们，按照上面的6步操作法来处理吊兰，再搭配上你创作的水培瓶，一定会成为一盆美化环境的绿色作品。

参考文献

[1] 原红娟，2007.吊兰水培与土培根系结构比较研究[J].安徽农学通报，13(1):6.

拓展

● 吊兰进行水培后，定期观察根系发生的变化。

● 在观察中发现感兴趣的方面，进行深入探究。如水培和土培的吊兰哪种长得更好，不同水质、浸根深度、施肥周期或水培的季节等因素会对水培吊兰的生长产生哪些影响。

叶叶各不同

简介

通过对不同环境中植物叶的观察学习,认识叶的多样性,理解叶的形态、结构与功能的统一,理解叶的多样性是植物对环境的适应。培养学生树立尊重生命、尊重自然、保护环境的生态文明观念。

关联学科

生命科学,环境科学。

概念

1. 叶是植物的营养器官,是植物通过光合作用制造有机养料的主要场所。
2. 植物的叶具有多样性,是对生态环境的适应。
3. 借助体视显微镜,我们可以对植物进行更细致深入的观察。

技能

观察比较能力,实验仪器操作技能,分析能力,总结归纳能力。

材料

香蒲叶和睡莲叶、小培养皿6个、镊子6个、解剖刀6把、剪刀6把、塑料袋6个、铅笔、学习单等。

仪器

体视显微镜。

时间

120 分钟。

活动对象

小学 5～6 年级。

活动目标

1. 认识叶的组成，了解叶是植物的营养器官，是植物通过光合作用制造有机养料的主要场所。

2. 通过观察不同环境下植物的叶，了解叶的多样性及其对生长环境的适应。

3. 学会使用体视显微镜，观察香蒲叶和睡莲叶柄的内部结构，通过现象分析，理解形态、结构、功能的统一关系。

4. 培养敏锐的观察力、科学的探究分析能力及实事求是的研究精神。

5. 逐步树立尊重自然、尊重生命、保护环境的生态文明观念。

评估方式

- 在观察体验和实践操作中，观察学生参与的积极性、观察记录的实事求是精神和动手操作的科学规范性。
- 在活动中观察学生爱护植物及保护植物周边环境的意识和行为。
- 检查学习单，审核学生学习单的填写是否准确、详细。

内容背景

叶是植物的营养器官，是植物体制造有机养料的主要场所，通过照射阳光进行光合作用获得生长的能量，并释放出氧气。在不同的环境中，叶片演化成多种多样的形态，有的甚至非常奇特，以确保机能得到最有效的发挥。

植物的叶器官暴露面大，与其他器官相比受环境影响也比较大，能够很好地反映植物对生态环境适应的特点。叶的多样性体现在叶片、叶尖、叶基、叶缘、叶脉的形状、叶色、大小、薄厚、质地、气味及内部结构等多个方面，可以利用视觉、触觉、嗅觉等多个感官进行观察。叶表皮和叶内部的细微的组织结构则可以借助体视显微镜进行观察。

对不同环境下叶的多样性进行观察和认识，有助于学生更好地理解"不同的植物能够适应不同的环境""植物可以对环境的刺激产生反应"等重要概念，有助于培养学生辩证唯物主义的世界观以及尊重自然、尊重生命、保护环境的生态文明观念。

准备工作

- 设计制作、打印"学生学习单"，教学PPT的准备。
- 观察路线踩点：确定路线和待观察的植物。
- 体视显微镜和电源的准备。
- 安全预案的准备。

活动过程

1. 由俗语"世界上没有完全相同的两片树叶"进入"叶叶各不同"的话题。认识叶的形态、功能和多样性，需要具备一些叶的基础知识。小学生在4年级已经学习过"叶的组成""完全叶""不完全叶""单、复叶"等概念，教师以北京榭栎为例检测、复习这些知识的储备。"光合作用"是6年级、初一的学习内容，教师在这里简单介绍光合作用、叶是光合作用的主要器官。以北京榭栎及附近几种植物为例，请同学观察叶片扁平的形状，讨论形状特点与发挥光合作用功能之间的关系。

2. 与学生一起讨论"怎样进行叶的观察？"观察点多样：如叶片、叶尖、叶基、叶缘、叶脉的形状、叶色、大小、薄厚、质地、气味及内部结构。观察方法多样：有视觉、触觉、嗅觉、味觉、听觉等多感官。观察工具多样：尺子、放大镜、显微镜、叶面积仪等。

3. 带领学生在户外观察不同环境下植物的叶，并引导学生在观察中积极思考和讨论，完成学习单：银杏的扇形叶、叉状叶脉；美人松的针形叶与耐寒性；胡桃的奇数羽状复叶、网状脉；杜仲含杜仲胶的叶；香蒲的线形叶、平行脉（采集）；菱角的菱形叶、膨大的叶柄与浮水的能力；慈姑挺水的箭形叶、沉水的线形叶，叶形适应水上和水下不同环境；睡莲带缺刻的椭圆形叶（采集）；香蕉的大型叶、平行脉、苞片（变态叶，保护花朵）；蒲葵叶具有排水构造、制作蒲扇；龟背竹叶片带孔和滴水叶尖、驱蚊香草叶片深裂、叶缘有锯齿、带香味；含羞草叶片羽状复叶、受到碰触会闭合；猪笼草的变态叶——捕虫笼、捕虫技巧和适应缺乏营养的环境；仙人掌变成刺的叶适应干旱环境；光棍树叶少而小、含有毒的乳汁有助于自我保护；落地生根的肉质叶、叶缘生长小植株而具有营养繁殖能力等等。

4. 练习使用体式显微镜，观察香蒲叶和睡莲叶柄的横切面与纵切面，完成学习单。引导学生分析两种水生植物叶内部具有气室或气道的结构，怎样有助于植物适应水生环境的生活。

5. 通过对以上不同生态环境中植物叶的形态结构和功能进行观察和思考，引导学生归纳出：叶多样的形态结构实现了各自独特的功能，而独特的功能有助于植物在所处的生态环境中生存下去，这是植物对环境的适应。

6. 教师组织学生分享活动收获、感受和体会。引导学生认识到：植物充满了生存智慧，大自然里充满了生存智慧。作为大自然的一员，我们要尊重生命，尊重大自然。我们对大自然的索取不能过度，而是在利用的同时做好保护，使山更青、水更绿、天更蓝，从而实现大自然的永续利用。

7. 拓展：学习了植物对环境的适应，请学生思考"植物对环境会产生影响吗？""通过什么样的方法可以观察到植物对环境的影响？"结束活动。

参考文献

[1] 马炜良，2015.植物学（第二版）[M].北京：高等教育出版社.

拓展

● 可以引导学生从温湿度、噪音、负离子、滞尘、生物多样性调查等多个角度设计开展植物影响环境的实验，从而更好地理解保护生态、保护环境、保护青山绿水的价值和意义。

创意植物书签

简介

创作独一无二的植物书签，增添读书的乐趣和对大自然的热爱。

关联学科

植物学，自然艺术，手工制作。

概念

1. 植物种类繁多，形态各异。植物书签既是一片美丽可爱的书签，又是一份精致的小型植物标本，为人们的学习生活增添情趣。

2. 植物书签背面既可书写祝贺之词，亦可书写植物的特征、用途等内容，兼具礼物馈赠和知识传播的功能。

3. 纵观整个艺术史的发展过程，植物在艺术创作中一直发挥着重要作用。

技能

观察比较能力，美学鉴赏能力，动手能力。

材料

干花素材，条形书签纸，条形塑封膜，麻绳，打孔器，剪刀，白胶，牙签。

时间

90分钟。

活动对象

小学 1 年级以上。

活动目标

能说出植物干花材料的压制方法,掌握选择压制干花材料的原则。能应用不同形态特征和色彩特点的植物叶片和花朵设计制作植物书签。通过制作书签的过程,感受植物之美,树立废物利用意识。

评估方式

- 课堂观察。通过学生互动问答,了解学生对于干花材料制作方法及选择原则的了解情况。
- 作品展示。通过学生展示自己制作好的书签了解学生技能的应用情况。
- 分享交流。通过学生的分享,了解其对植物创造美和废物利用理念的认同情况。

内容背景

自古以来,人们在改造自然、创造美好生活的过程中不断地利用植物素材,在历史文化的变迁中也离不开植物的身影。我们现代生活中同样有很多方面都与植物素材相关。

在园林生产、家庭养花中,常常会修剪下一些叶片和花朵等,而这些修剪掉的材料通过简单的压制,即可以成为创造美的素材。

准备工作

- 提前准备好制作植物压花材料视频。
- 按照上课的学生人数准备足够用的植物材料。
- 每个同学一份书签制作材料和工具。
- 提前给学生进行安全教育。

活动过程

1. 教师向学生展示各种类型的书签,引导学生围绕"书签是怎么来的""书签有哪些功能""常见书签由哪些材料制成"展开思考,在师生互动中,解答这些问题,并引出本次活动主题——创意植物书签。

2. 教师引导学生观察桌上的干花材料包,鼓励学生思考这些干花材料通过什么方法制作而成?选择植物材料时要把握哪些原则?教师播放制作压花材料视频,学生观看视频。教师邀请学生代表,小结制作压花材料的选材原则和制作步骤。

3. 教师展示各种精美植物书签、呈现制作植物书签材料,引导学生思考如何将这些零散的材料制作成精美的书签。通过师生互动形式,简要介绍制作植物书签的步骤。

4. 教师分步骤指导,学生动手操作,制作独一无二的植物书签。具体步骤如下:

步骤	内容	操作方法及注意事项	参考示意图
1	立意选材	将花材平铺在白纸上,仔细观察不同花材的形态和色彩	
2	构思摆放	发挥想象力,根据花材的造型和书签纸的颜色构思创意画面,比如小动物形象、植物组合画面或是艺术构图等	

步骤	内容	操作方法及注意事项	参考示意图
3	粘贴制作	将花材根据创意在书签纸上摆放好之后，用牙签粘取手工白胶均匀地涂抹在花材的背面，粘贴固定在书签纸上	
4	整理素材	粘贴好花材之后，将花材超出书签纸的部分用剪刀修剪整齐	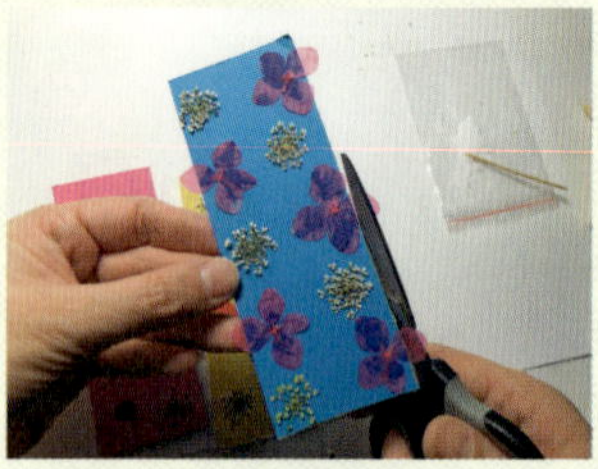
5	塑封保护	将书签装进大小合适的塑封膜内，用塑封机进行加热塑封	
6	打孔穿绳	在塑封好的书签一端用打孔器打孔，用准备好的麻绳穿在小孔内	
7	作品展示	植物书签做好了	

5. 学生制作完植物书签之后,教师组织学生展示各自的书签,并引导学生围绕"制作植物书签的过程中遇到了哪些困难""收获了哪些制作植物书签的小窍门""园林废弃物、家庭养花修剪下来的材料如何再利用"等问题进行交流。最后,通过师生小结的形式,引出通过收集某种意义上废弃的植物叶片、花朵等材料,既可将凋零的美留住,又可以实现废物利用、垃圾减量。

参考文献

[1] 贺燕青,李学东,2009. 植物书签标本的制作 [J]. 生物学通报,44(05):52-53.

[2] 花为媒,2007. 植物装饰艺术——生活中的自然美 [J]. 园林 (04):34-35.

拓展

- 日常生活中,我们主要欣赏植物的地上部分,比如花朵、叶片、果实、种子等。为了便于长期保存植物的美丽形态,可以将收集来的植物进行脱水干燥处理制作植物标本、永生花等。

- 一片植物书签能给人带来轻松愉悦的心情。植物素材经过一番巧思,从匹配、色彩、形式、质感上花功夫,即通常所说的"设计",遂能成就一件风格独特的"作品"。

- 植物书签便于动手制作,可以承载各种各样的植物标本,也可以进行艺术加工,但是植物标本容易碎,需要进行适当的保护。

植物四季课堂

植物吸尘器

简介

通过显微镜观察植物表皮毛的形态，理解植物具有滞尘的生态功能。

关联学科

生命科学，环境科学。

概念

1. 随着社会经济的迅速发展，城市的大气环境问题愈来愈突出。特别是空气中的颗粒物已逐渐成为空气污染的首要污染物。

2. 植物可以通过叶片吸附大气颗粒物，具有净化大气的重要生态功能。

3. 不同的植物，由于叶面积大小、表皮毛等结构的不同，具有不同的滞尘能力。

技能

比较观察能力，操作技能，总结归纳能力，分析能力。

材料

6种植物叶片，1000ml烧杯6个，小培养皿6个，镊子6个，剪刀6把，载玻片1包，托盘6个，滤纸1包，若干铅笔、白纸、学习单等。

时间

40分钟。

活动对象

小学 5～6 年级。

活动目标

学生学会用显微镜观察植物叶片表皮毛,并能将 6 种植物的表皮毛类型进行区分;能运用自己的语言归纳出"植物大战 PM2.5"的原因,进而理解植物表皮毛滞尘的生态功能。

评估方式

- 实践操作,可以在引导学生利用显微镜观察表皮毛等操作过程中,观察学生操作的规范性和参与度。
- 学习单,审核学生学习单的填写是否准确、详细。

内容背景

近年来,随着我国城市化进程的快速推进和能源消耗的不断增高,大气 PM(particulate matter,颗粒物)污染已成为最严重的环境问题之一。特别是在近几年的北京雾霾天气已经严重影响到人们的生活。2013 年北京市 PM2.5 全年平均浓度为 $89.8\mu g/m^3$,比 $35\mu g/m^3$ 的国家标准超标 1.5 倍。一般而言,颗粒物粒径越小对人体危害越大。可吸入颗粒物(粒径≤$10\mu m$,PM10)会侵害呼吸系统,诱发哮喘病;可入肺颗粒物(粒径≤$2.5\mu m$,PM2.5)则会深入肺泡,与呼吸系统疾病的死亡率密切相关。

如何防治城市大气中的颗粒物已成为摆在人们眼前急需解决的重要问题。在目前污染源治理不能完全解决的前提下,借助自然界的清除机制是缓解城市大气污染压力的有效途径。城市绿化是城市生态系统中具有重要自净功能的组成部分,植物作为城市绿化的主体,对一定范围内空气中的粉尘颗粒有吸附和拦截作用,利用植物对城市大气中粉尘颗粒物进行吸附和拦截是一种经济、高效、生态的途径,符合尊重自然、顺应自然、保护自然的生态文明建设理念。

研究表明,植物叶面的滞留颗粒物能力受叶片表面特征的影响,如叶面积大小、表皮毛密度等因素影响。植物园内物种多样性高，可以选择出不同表皮毛类型的叶片，因而，可以为学生创设良好的学习情境。

准备工作

- 设计制作、打印"学习单"、教学 PPT 的准备。
- 采集毛泡桐、构树、糠椴、黄檗、蜡实、垂柳 6 种植物叶片，并将 6 种植物叶片分别置于盛水的大烧杯中（如果隔夜使用应放置于冰箱保鲜室）。
- 体视显微镜、剪刀、培养皿、烧杯等实验器材的准备。

活动过程

1. 由当天的天气状况进入话题，教师播放北京空气质量播报的一段录音，引导学生听完之后能说出 PM2.5、PM10 的区别。教师进一步提问 PM2.5、PM10 对人身有怎么样的危害？如何防治 PM？微信朋友圈里的"植物大战 PM2.5"有可能么？

2. 面对学生对植物能防治 PM 的疑惑，教师引导学生先从观察植物叶片的结构开始，来探明这个问题。首先，教师简单介绍体视显微镜的主体结构，然后，通过小组 PK 的小游戏引导学生快速掌握体视显微镜的正确使用方法。最后，各小组分别用体视显微镜观察毛泡桐、构树、糠椴、黄檗、蜡实、垂柳 6 种植物叶片的表皮特征，并结合学习单的要求完成学习单第 1 页。

3. 学生在教师引导下分析几种植物叶片的表皮特征，结合教师呈现的表皮毛类型图对 6 种植物叶片表皮毛进行分类，并完成学习单第 2 页。接着，教师通过大屏幕呈现吸附颗粒物后的毛泡桐叶片扫描照片图，同学们能直观看到植物的叶片吸附、拦截的颗粒物，既包括粒径较大的尘，又包括粒径小的颗粒物。

4. 学生在教师引导下归纳出植物叶片的表皮毛具有吸附、拦截颗粒物的生态作用。但是不同的植物由于叶片表皮结构的不同，可能植物滞尘的能力有所不同，定量的植物滞尘量需要借助进一步的实验才能获得。

5. 教师组织学生进行分享：通过此次活动有什么收获？有什么体会？有哪

些感受?

6. 以拓展思考"如何为城市选种滞尘植物,从哪些角度考虑?需要借助哪些实验手段?"结束活动。

参考文献

[1] 杨佳,王会霞,谢滨泽,等,2015.北京9个树种叶片滞尘量及叶面微形态解释 [J].环境科学研究,28 (3):384-392.

拓展

● 可以引导学生做植物叶片滞尘实验,在植物生长旺盛期,带学生采集不同生境(马路边、小区、植物园等)中植物的叶片,测量它们的滞尘量。也可以引导学生选择相同生活环境中的不同植物叶片,比较几种植物滞尘能力。

植物叶脉化石制作

简介

通过古生物化石的学习和叶脉石膏化石制作，了解化石、化石种类及化石形成，了解植物叶形与叶脉，联结科学、艺术与生活。

关联学科

生物学科，古生物学科。

概念

1. 化石是生活在遥远过去的生物遗体、遗物或遗迹变成的石头。生物死亡之后，硬体部分包围在周围的沉积物中，经过漫长的地质年代"石化"成为化石。科学家可以通过它们研究生物起源和地质变化，具有重要价值。

2. 因生物物种的不同、形成条件的不同及保存过程的不同使得化石有很多种类型，包括实体化石、模铸化石、遗迹化石、化学化石、木化石、恐龙蛋化石等。

技能

观察比较能力，操作技能。

材料

牙科用石膏粉，小塑料勺，塑料杯，塑料袋，水，植物叶片，小镊子或牙签，毛笔，颜料。

时间

90 分钟。

活动对象

3～6 年级。

活动目标

通过古生物化石的学习，学生了解"化石是什么""化石是怎样形成的""化石有哪些类型"。通过制作叶脉石膏化石，学生在游戏中更好地理解化石的形成，了解植物叶形和叶脉，触摸大自然的美好，享受艺术创作的快乐。

评估方式

1. 学生在活动过程中表现出来的积极性、参与性和规范性。
2. 叶脉石膏化石成果的完成性、创意性、独特性。

内容背景

化石是一种很好的教育载体，们展现了远古时期生物神奇的面貌。关于化石，充满研究和推测，也为孩子们打开了一扇了解自然、探索自然的大门。

随着我国博物馆事业的蓬勃发展，从博物馆中孩子们可以获得更多的有关化石的知识，可以让孩子们穿越遥远的年代，观察化石所呈现的动植物的遗体、遗迹，跟随科学家去了解古生物，推测它们所生活的自然环境，了解远古时期的地质变化，能够极大地满足他们的好奇心和求知欲。

我们虽然不能经历古生物化石亿万年的形成过程，但可以利用石膏材料和植物叶片自己动手制作叶脉化石，来模拟、还原化石的形成过程。不仅让学生能够对化石产生更深刻的理解，也让科学走进艺术和生活，让自然的美可以亲手触摸，可以永久保存。

准备工作

- 教学 PPT 的准备。

● 购买牙科用石膏粉，采集榆树叶、肾蕨叶等叶脉清晰的植物叶片。

● 小塑料勺，塑料杯，塑料袋，水，小镊子或牙签，毛笔、彩笔等实验器材的准备。

活动过程

解读化石概念——了解化石的形成——化石的种类——动手制作。

1. 教师提出一系列问题"我们通过什么方式了解古时候的动植物？""化石是什么？""化石是怎么形成的？"引入主题，使学生们产生疑惑和好奇。

2. 教师引导学生解读化石概念。首先教师介绍化石就是生活在遥远过去的生物遗体、遗物或遗迹变成的石头。其次，引导学生通过图片了解化石形成的原因，了解它是在漫长的历史时期通过动态的地质变化而缓慢形成的。

3. 教师通过大屏幕图片展示不同的化石类型。因生物物种的不同、形成条件的不同及保存过程的不同使得化石有很多种类型，包括实体化石、模铸化石、遗迹化石、化学化石、木化石、恐龙蛋化石等。

4. 教师引导学生现场参观植物化石、恐龙蛋化石、木化石，直观体验三种不同类型的化石。

5. 教师组织学生讨论，通过研究化石，科学家可以逐渐认识遥远过去的生物的形态、结构、类别，可以推测出亿万年来生物起源、演化、发展的过程，还可以恢复漫长的地质历史时期各个阶段地球的生态环境。

6. 教师组织学生观察植物的叶片（包括叶形、叶脉、叶色、叶缘等），并挑选出一种喜欢的叶片；制作石膏粉与水的混合物（摸索粉与水的比例）；制作叶脉化石，将叶片的美以化石的形式永久珍藏。

参考文献

[1] 王将克，钟月明，罗红红，等，1989. 化学化石对化石传统概念的补充 [J]. 地质论评，35(003):277-280.

[2] 黄一峰，2013. 自然野趣 DIY [M]. 北京：中信出版社.

拓展

- 叶脉化石干燥后色彩单一，可以尝试用不同材质的颜料，将石膏和叶脉纹路涂色，让它变成一件美丽的艺术品。

"果"然有趣
——果实结构大探索

简介

通过观察和解剖常见的水果，认识果实的结构，尝试对果实进行分类，了解果实的多样性。

关联学科

植物学。

概念

1. 果实是被子植物特有的繁殖器官。它是花的延续，是由子房或者花的其他部位发育形成的结构，果实通常由果皮和种子构成。

2. 人们为了更深入的研究，根据果实的形成过程和发育形成部位，将果实进行了分类：如真果、假果；单果、聚合果、聚花果等等。

3. 水果中包含有众多类型的植物果实。

4. 生物多样性是人类社会赖以生存和发展的基础。从身边的事物出发，慢慢关注生物多样性是一件非常有意义的事情。

技能

观察能力，分类思维的能力，分析归纳能力，类比推理能力，动手能力。

材料

水果刀，小砧板，多种水果（苹果、梨、菠萝、草莓、樱桃、枣、橘子、柚子）。

活动时间

90 分钟。

活动对象

小学 4～6 年级。

活动目标

学生通过观察和解剖几种常见的水果，认识果实的基本结构，尝试对果实进行分类，了解一些特殊的果实结构，体会果实的多样性，初步感受生物的多样性。

评估方式

- 实践操作，观察学生在解剖水果的过程中，参与操作的积极性、操作的规范性以及是否有安全操作的意识。
- 学习单，审核学生学习单的填写是否准确。
- 口头表达，聆听学生收获与感悟，关注学生是否提出可以继续深入研究的问题。

内容背景

果实，是被子植物特有的繁殖器官，它是花的延续，是由花朵继续发育形成的器官。要清楚地了解果实的形成过程，就要从花朵开始。以典型的两性花发育成果实的过程为例，当被子植物的花完成双受精作用之后，受精卵发育成胚，受精极核发育成胚乳，珠被发育成种皮，胚、胚乳、种皮形成种子，子房壁发育形成果皮，果皮包裹着种子，构成一个完整的果实（如下图所示）。

樱桃花　　　　　　　樱桃发育中的果实　　　　　樱桃将要成熟的果实

　　实际上，人们对于果实的认识也是逐渐发展的，什么是果实？如何对果实进行分类？这些问题也是经历了漫长时间的研究和探索，直到 20 世纪果实分类学家才有了相对一致的认识。现在，根据参与果实发育的部位，我们将果实分为真果和假果；根据形成的果实与花的关系，将果实分为单果、聚合果、聚花果。一朵花发育形成的果实就是单果，如樱桃、桃、李、杏、橘子等；一朵花中有多个离生雌蕊，将来每个雌蕊发育成一个果实，许多个小果实聚集在膨大的花托上形成一个大的果实，这样的果实叫作聚合果，如草莓、覆盆子等；一个花序将来发育成一个整体，每朵花发育成一个小的果实聚集在花序轴上，看上去像一个大的果实，其实它是由很多花朵聚集在一起形成的，这样的果实称为聚花果，如菠萝、桑葚等。

　　虽然理论上典型的果实包括果皮和种子两部分结构，可事实上，植物的果实是极其多样的。果实的多样性不仅可以显著提高被子植物种子传播的有效性，还使得物种多样性更加的丰富，也为人和动物提供了更广泛的食物来源。果实的多样性主要体现在果实的形态（大小、形状、颜色、附属结构或结构的特化等）、果实的开裂方式和种子的散播形式上。

　　市场上众多美味的水果，分别属于哪个类型的果实？我们食用的部分究竟是果实的哪一部分结构呢？我们一起去探索，去真实地感受果实的多样吧。

活动过程

　　1. 教师设置情景，播放短片：有一个小朋友对水果很感兴趣，水果博士给了他一些水果,让他对这些水果进行观察并分类,还要说出自己分类的依据。小朋友现在犯难了,你能帮帮他吗?

2. 分小组分发果篮,请学生观察和解剖如下水果:苹果、梨、菠萝、草莓、樱桃、枣、橘子、柚子,完成学习单的观察记录。分享每个小组的观察记录。

3. 学生基于观察记录的结果,对这些水果进行分类。在分类过程中,教师聆听学生的观点和意见。这个部分注重引导学生的深度观察和思考,引导学生从关注果实的大小、颜色特征到解剖结构,以进行分类、汇总。

4. 每个小组分享分类结果和依据,其他小组进行聆听、补充和反驳,这一部分充分调动学生的反思、质疑的思维方式。

5. 教师播放视频资料(视频中动画展示果实的形成过程),学生根据视频的资料对果实的结构进一步辨析。教师扩展果实的科学分类:樱桃、枣、橘子、柚子是真果;苹果、梨、草莓、菠萝是假果。苹果、梨属于假果,可食用部分均是由膨大的花托形成的。苹果、梨、樱桃、枣、橘子和柚子是单果。辨析菠萝和草莓的结构:草莓属于聚合果,草莓表面的"籽"实际上是由草莓的雌蕊发育形成的果实,可食用的鲜美多汁的部分是草莓膨大的花托;菠萝属于聚花果,可食用部分主要是由肉质化的花被、子房和花序轴发育而来。学生选择绘制一种果实的结构记录在学习单上。

6. 学生品尝水果,说出食用的部位,感受果实的美味,发表本节活动收获和感悟。教师总结提升,引导学生认识生物多样性为人们的生活提供的资源和财富。

"果"然有趣

——果实结构大探索

姓名：　　　　　年级：　　　　　时间：

一、观察果篮中的水果，记录它们的特征

水果品种名称					
大小					
形状					
颜色					
解剖结构					

根据你的观察，总结出这些果实结构的一些共同点：

二、根据你的观察，尝试对观察的几种果实进行分类（分类不唯一，言之有理即可）

三、绘制出你最喜欢的一种果实解剖结构：

请用一句话概括你对果实的认识吧：

参考文献

[1] 贺超英，王丽，严立新，等，2019.果实起源与多样化的进化发育机制[J].中国科学：生命科学，49(04):301-319.

拓展阅读

- 《果实的奥秘》（英）沃尔夫冈·斯塔佩 // 罗布·克赛勒著；译者：师丽花、和渊。

活动拓展

- 根据本次活动的内容，选择生活中能够见到的一种植物，连续观察植物从花到果的完整过程，记录该植物花的结构和果实的发育过程。

比比谁更"甜"

简介

通过测定不同水果的含糖量,理解"糖"与"甜"的区别和联系。认识食物中糖种类的多样性,帮助孩子们树立健康饮食的意识。

关联学科

营养学,生物化学。

概念

1. 水果中含有多种多样的糖类,根据糖类是否溶解在水中,将糖类分为可溶性的糖和非可溶性的糖。

2. 光从一种介质进入到另一种介质时会发生弯曲的现象,这种现象是光的折射。依据光的折射原理设计出了一种光学测量仪器——折光仪,可以测量可溶性糖的含糖量。

3. 可溶性糖在食用时会有甜的味道。

4. 含糖量和甜度是两个不同的概念,它们之间既有区别又有联系。

5. 合理膳食对健康有着重要的影响。

技能

探究能力,规范操作能力,归纳分析能力,提出问题的能力。

材料

5 种水果（苹果、石榴、葡萄、西瓜、火龙果），手持折光仪（糖度仪），榨汁机，纱布，烧杯，培养皿，滴管。

活动时间

90 分钟。

活动对象

小学 3～6 年级。

活动目标

学生能够运用手持折光仪（糖度仪）测定几种常见水果的可溶性糖含量；能够辨析可溶性糖含量与甜度的关系；了解食物中糖的多样性和水溶性。

评估方式

- 实践操作，观察学生在使用仪器时的规范操作。
- 学习单，评判学生学习单的填写是否准确、详细。
- 口头表达，通过学生的分享判断学生的认识是否完整和正确。

内容背景

糖，也称碳水化合物，是生命活动主要的能源物质。地球上有生命以来，糖就是不可或缺的能源和营养物质。糖的种类丰富，如葡萄糖、果糖、蔗糖、淀粉、纤维素等都属于糖类。不同的糖类有着不同的作用，食物中的大多数糖是为生命活动提供能量的。

根据糖是否溶解在水中，可以把糖类分成能够溶解在水中的可溶性糖和不能溶解在水中的不可溶解性的糖。可溶性的糖如葡萄糖、果糖、蔗糖、麦芽糖等，不可溶性的糖有淀粉、纤维素等。通常可溶性的糖品尝时是有甜味的。

水果是饮食中摄取可溶性糖的一个重要来源，人们也常用"甜"或"不甜"来定义某个水果是否好吃。在这个评判过程中，人们将"糖"和"甜"这两个概念混淆在了一起，认为越甜的水果含糖量越高。其实不然，甜度不是一个标准值，它是一种感觉。人们为了方便对不同种类可溶性糖的甜度进行比较，通常以蔗糖作为基准物，一般以10%或15%的蔗糖水溶液在20°C时的甜度为标准值1.0，其他糖的甜度值与标准值相比较得出，因此甜度也称为比甜度。

相同含量的可溶性糖的甜度排序中，果糖最甜，蔗糖次之，葡萄糖第三。所以水果甜度高，含糖量不一定高，还与水果中糖的种类有关。了解这些内容，有助于孩子们对水果的糖含量形成一个相对科学的认识，同时也能帮助人们挑选出适合自己的水果，树立健康饮食的初步意识。

准备工作

- 复印"学生使用学习单"。
- 准备苹果、石榴、葡萄、西瓜、火龙果，几种常见的水果。
- 准备手持折光仪（糖度仪）、榨汁机、培养皿、纱布、滴管、烧杯等实验仪器。

活动过程

1. 教师创设情景：有一位老奶奶，血糖含量偏高，医生建议她少吃含糖量高的水果，可老奶奶却很喜欢吃口感很甜的水果，所以她现在不知道自己能吃哪些水果了，你能帮帮她吗？学生们讨论，要帮老奶奶试吃水果。

2. 同学们试吃几种准备好的水果，分小组进行讨论，对五种水果的甜度进行排序。基于排序结果，每个小组发表建议和意见，给出对老奶奶的建议。

3. 各小组间会有不同的意见，引发认知冲突。教师引导：为何意见不统一？因为没有量化的标准。甜度是一个感觉，每个人的感觉会略有不同。所以讨论：能不能准确地测定出水果中的含糖量呢？

4. 教师展示手持折光仪的用途并简单介绍原理。教师进行演示实验展示光的折射现象：将一根解剖针放入装有水的烧杯中，可以看到解剖针发生弯曲。而当溶液浓度改变时，解剖针的弯曲度也会改变。折光仪就是利用光的折射原理进行溶液浓度测量的一种光学仪器。原理介绍完毕，讲解手持折光仪的使用方法。学生动手操作，练习使用手持折光仪。

5. 学生基于手持折光仪的用法，分小组探究对水果的处理——榨汁，教师注意学生在使用榨汁机时的操作安全。学生分小组对水果进行榨汁处理并分装。

6. 学生进行测定操作，记录每种水果中可溶性糖的相对含量数值，完成学习单。师生共同对结果进行讨论，与之前的甜度排序进行对比、分析，根据各水果的含糖量及口感给出对老奶奶吃水果的合理建议。

7. 进一步拓展提升：教师分发阅读拓展材料，学生们进一步了解糖的种类、生糖指数等相关概念。学生阅读完进一步分享收获，提出可以研究的更多的问题。阅读后分享收获，提出可研究的问题方向。

比比谁更"甜"

姓名：　　　年级：　　　日期：

一、水果甜度大比拼

根据品尝结果，对几种水果进行甜度排序

二、水果含糖量知多少

水果种类	第一次	第二次	第三次	平均值

水果中可溶性糖含量的排序：

三、说出你对老奶奶的建议

四、阅读拓展资料，谈谈你对合理吃水果的认识：

参考文献

[1] 姚彩萍,2017.吃水果的7个困惑[J]. 烹调知识(07):29.

[2] 王贞虎,2019.健康吃水果：不甜不等于"低卡"[J].家庭医学(下半月)(10):40.

[3] 范志红,2019.控血糖,水果选择学问大[J].消费指南(12):8-9.

拓展

- 基于学生的拓展阅读和兴趣后展开进一步的研究，如可以测定市场上同一水果不同品种之间的可溶性糖含量差异，或者同一种水果放置不同时间后的可溶性糖含量的变化趋势。

植物四季课堂

空中"冒险家"

简介

掌握果实沉降速度和水平传播两种特征的测定方法，知道果实形态结构对其扩散有显著影响，理解果实结构是对生态环境适应的长期进化结果。

关联学科

植物学，生态学，物理学。

概念

1. 果实是在地球环境长期演变过程中产生并不断完善的植物，由于环境演变的复杂性和多样化，以及植物生长环境条件的不同，使得果实的特征出现了分化，产生了适应复杂环境的多种果实类型。

2. 翅果是一种借助风来传播的果实类型，小小的翅可以让果实乘着微风飘到离母树较远的地方生根发芽，体现了保证种群的繁衍以及潜在扩大种群的作用。

3. 果实的传播能力与果实的形态结构特征和树高有密切联系。

技能

观察能力，探究能力，总结归纳能力，数据分析能力，合作能力。

材料

阴干的元宝枫、臭椿、杜仲果实，风速计，电风扇，电子秒表，树高测量仪器，3种高度的平台（无楼层条件的可使用有机玻璃管、黑色卡纸、防静电喷雾），草稿纸，计算器。

时间

60 分钟。

活动对象

小学 6 年级。

活动目标

知道果实沉降速度和水平传播能力的测定方法，小组合作完成试验并进行数据分析，锻炼学生的动手操作能力，理解果实结构是植物对生存环境的一种形态及生理适应现象。

评估方式

- 课堂互动。在活动中进行引导性提问与自由讨论，判断学生回答问题的准确性，观察学生参与交流的积极性。

- 实践操作。留意学生操作的规范性和参与度，观察学生是否能够顺利完成试验内容。

- 学习单。审核学生学习单的填写是否准确、详细。

内容背景

翅果是指果实的果皮或其他部位延伸呈翅状并依靠风力传播的一类果实。狭义的翅果仅指果皮延伸成翅且不开裂的干果，广义的翅果则涵盖各类依靠风力传播的带翅的果实，包括由非果皮部分（如苞片或萼片等）特化成翅状的各类果实。翅果不仅仅是散布与保护果实与种子的一种适应，还可能通过改变果皮的理化性质调控种子的成熟、休眠与萌发进程，避免了种子集中萌发而造成的同胞竞争，提高了植物适应逆境的能力。

元宝枫是著名的红叶树种，通常高 8～10m，学名元宝槭，也叫五角枫、元宝树等，因其双翅果形状很像中国古代的"金元宝"而得名。像元宝枫这样的双翅果在"两翅"中间有一条分隔线，一个翅包裹着一粒种子，成熟后两个翅会沿分隔线彼此分离，每一个翅都能长成一棵新树。

　　臭椿极耐干旱，适应性很强，生长速度非常迅速，通常很快就可以生长到24m以上，有了高度的优势可以更方便其轻薄的单翅果传播扩散，它半透明的翅（果皮）可以带着种子滑翔到约91m远的距离，而且单独的一棵树每年能够结出100万粒种子，因此它在非原产地成为了入侵植物，会对本土生态系统造成不良的影响。

　　杜仲的果实是一种周位翅果，高可达20m，单翅果扁平状，长椭圆形，果实中除了胚以外的部分都含有丰富的杜仲橡胶丝，杜仲胶加强了对种子的保护机能，但同时也造成了自然繁殖力差的后果。

　　试验选取的果实应为没有虫吃、没有机械损伤、外观完整的果实。在条件一致的环境下，果实下降时间越长，意味着滞留在空中的时间相对较长，这样更有利于果实远距离的传播与扩散。计算沉降速度是用沉降时间/果实释放高度得来的。研究表明，翅果的降落速率与果实质量/果翅面积的平方根呈极显著相关关系，果实质量与果翅面积的比值称为"果翅负荷"，并作为衡量翅果风力传播能力的一个重要指标。

准备工作

- 复印"学生使用的学习单"。
- 收集果实并阴干，按小组准备试验材料、工具等。
- 课前安全教育。

活动过程

　　1.教师提问："你们知道植物为了繁衍生息都使用了什么样的招数来传播它们的果实和种子吗？"引导学生思考自然现象，与已有知识建立连接。学生可能会想到比较常见的几种传播方式，如苍耳果实是依靠动物传播的，蒲公英果实是依靠风传播的。

　　2.教师向学生展示元宝枫的果实，请同学猜测它是如何传播果实和种子的。

学生思考形成自己的答案。教师播放关于风传播果实的纪录片《植物私生活》第一集《旅程》6分20秒至6分46秒，14分至15分10秒，随后学生得出答案，即风传播，了解到"翅果"的概念。

3. 学生看到了多种靠风传播的大树果实以不同的姿态、速度在空中"冒险飞行"，教师继续提问："什么样的果实是最厉害的空中'冒险家'呢？老师这里有3种翅果，你们有没有办法可以选择出最会'飞'的是哪一种呢？"学生思考，教师指明果实在空中停留的时间越久越有机会"飞"的更远。

4. 学生设计试验，从同一高度放手观察果实落地的先后，计算果实沉降速度。教师继续提问："怎么知道风对不同结构果实传播距离的影响呢？"引导学生自主探究寻找解决问题的办法，即风速相同、高度相同放手后测量水平传播距离。

5. 学生在掌握了试验方法后，按小组分别依次试验，进行3种果实的沉降速度和水平传播两种特征的测定，试验重复3次，结果取平均值。其中测定沉降速度可以设置3个高度，用以证明树高对果实传播的积极影响。学生分析数据得出结论，了解到果实结构和树高直接影响果实的传播能力。

6. 学生填写学习单，记录试验结论。

7. 教师组织学生进行分享，通过此次活动有什么收获？有什么体会？有哪些感受？

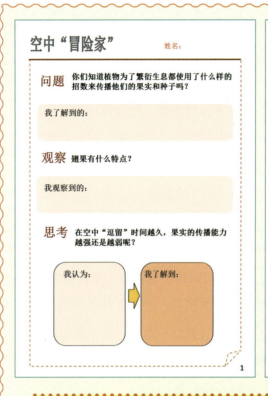

参考文献

[1] 方伟伟，于顺利，2013.果实生态学的概念、研究现状及研究方向[J].生物学杂志，32(08).

[2] 吴红，燕丽萍，等，2021.槭树属常见树种翅果性状多样性与风传播特征分析[J].南京林业大学学报（自然科学版），网络首发.

[3] 英国DK出版社，2020.DK植物大百科[M].刘夙，译，北京：北京科学技术出版社.

[4] 谭珂，董书鹏，等，2018.被子植物翅果的多样性及演化[J].植物生态学报，42(08).

拓展

- 可以比较多种空中运动方式的翅果传播能力，如自翔类、旋转类或飘浮类翅果。
- 详细测定并分析种子长度、种子宽度、果翅长度、果翅宽度、种子长宽比等特征参数对沉降速度和水平传播距离的影响。

年轮密码

简介

认识年轮，了解年轮与气候变化的关系。

关联学科

植物学，气候学，树木学。

概念

1. 植物的生长受光照、温度、水分、土壤、外部干预等方面的影响。树木的年轮承载着树木生长全过程的信息，这种信息无不打下环境要素影响的烙印。

2. 年轮由形成层每年的活动而产生。春天，气候温和、雨量充沛，对树木的生长有利，这时形成层细胞分裂旺盛，所产生的细胞大而明显，导管又大又多，因此，木材就显得颜色淡，质地松软。夏末秋初，形成层活动减弱，分裂出的细胞形状小，加上细胞壁厚，导管又少，木材显得致密而坚硬，颜色也深。

3. 年轮的宽窄真实地反映了树木生长各年中雨量的多少和气候的情况，成为研究一个地区气候变迁的可贵依据。

4. 树木的年龄记录在年轮上，每长一岁年轮便增加一圈，因此根据树木的年轮，可以推测树木的年龄，用来考查森林的年代。

技能

观察能力，技能应用能力，信息提取能力，总结归纳能力。

材料

年轮清晰的树干切片，大头针，A3 白纸，彩色铅笔。

时间

90 分钟。

活动对象

小学 5～6 年级。

活动目标

通过看短片、数年轮、读文献、绘制年轮笔记的过程，了解年轮形成的过程，能准确辨认计数年轮，了解年轮的形成与气候变化的关系，进而关注气候变化问题。

评估方式

- 实践操作，通过数年轮的过程检验学生学习方法掌握情况。
- 学习单，根据学习单内容的完整性、准确性来检验相关目标达成情况。
- 年轮笔记，通过年轮笔记反映学生对相关内容的了解情况。
- 分享交流，通过倾听学生的分享把握学生对年轮与气候关系的理解情况。

内容背景

习近平总书记在十九大报告中指出："全面贯彻党的教育方针，落实立德树人的根本任务，发展素质教育，推进教育公平，培养德智体美全面发展的社会主义建设者和接班人。"中国学生发展核心素养提出倡导学生实践创新、培养科学精神。本次教学活动引导学生带着问题出发，通过观察、动手操作、归纳总结等逐步去探究自然的奥秘，旨在引导学生形成科学的思维方式。

气候变化是当今人类社会面临的严峻挑战，是国际社会共同关注的生态环境问题，但由于气候变化的尺度较大，普通公众对气候变化带来的威胁感知度很低。教育是全球应对气候变化的重要手段，它帮助公众理解和适应气候变化，并积极主动的参与气候变化的缓解和改善行动的重要措施。

通过这种实践性的活动有助于学生理解气候变化，自觉提升保护生态环境的意识和树立可持续发展观。

准备工作

- 设计、打印活动任务单。
- 打印学生自学阅读材料。
- 教具准备：5种直径25cm不同树种的年轮片，20个直径9cm的小年轮片、大头针。

活动过程

一、导入（5分钟）

教师播放《寻秦记》影视片段，以剧中穿越到古代的现代人所讲解的判断檀木古琴是否为千年古木的方法，引出年轮是推测树木年龄的重要方法。

二、初识年轮（20分钟）

教师引导学生尝试应用影片中的方法计数一个年轮片，同时观察年轮片上的结构。教师展现年轮模具，通过师生问答的形式引出年轮形成的过程，指出小年轮片上的早材和晚材，并说明早材和晚材共同构成一个生长层，即一个年轮，看到的明显的界线是上一年的晚材和下一年早材的界限，即年轮线。学生在教师的引导下认真辨认早材、晚材、年轮线，进一步理解年轮是推测树木年龄的重要方法。

三、数年轮（20分钟）

教师为学生下发由5种不同树木制取的年轮片，组织学生分小组数年轮。学生在此过程中要明确如下两项任务：首先，要记录数年轮过程中的困难或引发的思考；其次，要把小组数出的各年轮片的年龄记录到任务单中。学生完成任务后，各组选派代表分享学习成果。教师结合学生数年轮中遇到的困难、计数结果，小结数年轮的注意事项，引导学生学会借助大头针等工具辅助计数年轮。

四、年轮与气候（20 分钟）

首先，教师引导学生思考"通过年轮可以获取哪些信息"，发放相关阅读文献。各小组成员阅读后集体展开讨论，提取关键信息，并将其记录在任务单中。最后，通过师生互动的形式小结年轮与气候之间的关系，引出通过年轮的宽窄不同等依据建立起年轮与气候变化之间的联系。

五、绘制年轮笔记（15 分钟）

教师为学生发放准备彩铅、白纸等材料，引导学生从对年轮的形成、数年轮的方法、年轮与气候变化之间的关系，绘制出年轮笔记。

六、分享总结（10 分钟）

各小组上台分享小组创作的年轮笔记，教师围绕各组展示内容进行点评小结，再次引出年轮与气候变化的关系。

参考文献

[1] 张金莲, 2014. 浅谈年轮游戏在生物课堂上的运用 [C]. 2014 年 11 月现代教育教学探索学术交流会.

拓展

- 历史学上，常用年轮推算某些历史事件发生的具体年代。如在浩瀚的大海里，有历代沉没的大小船只，根据木船的花纹（年轮）可确定造船的树种；根据材质腐蚀状况确定沉船遇难的时代，及与该时代有关的某些历史事件。
- 气象学上，可通过年轮的宽窄了解各年的气候状况，利用年轮上的信息可推测出几千年来的气候变迁情况。年轮宽表示那年光照充足，风调雨顺；若年轮较窄，则表示那年温度低、雨量少，气候恶劣。如果某地气候优劣有过一定的周期性，反映在年轮上也会出现相应的宽窄周期性变化。
- 在环境科学方面，年轮可以帮助人们了解污染的历史。德国科学家用光谱法对费兰肯等 3 个地区的树木年轮进行研究，掌握了近 120～160 年间这些地区铅、锌、锰等金属元素的污染情况，经过对不同时代的污染程度的对比，找到了环境污染的主要原因。
- 在医学上，年轮对探讨地方病的成因有一定的作用。如在黑龙江和山东省一些克山病发病地区，发病率高的年份的树木年轮中的铂含量低于正常年份。这与地球化学病因的研究结果非常一致。

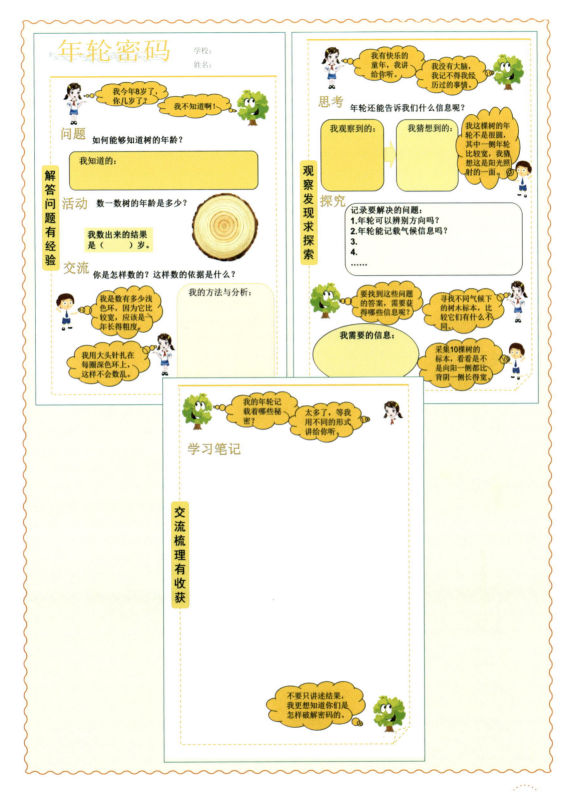

水果维生素C含量比较

简介

学习使用高锰酸钾溶液测定维生素C含量的方法，理解水果中维生素C含量对人们合理补充维生素C的重要意义。

关联学科

生命科学，食品科学，化学科学。

概念

1. 维生素C又叫抗坏血酸，可以维持人体的免疫力，促进抗体形成，是人体必需的营养元素。

2. 维生素C广泛存在于动物和植物体内，但人类和其他灵长类、豚鼠等几种脊椎动物是不能自身合成的，新鲜蔬菜和水果是人体主要的维生素C来源。

3. 维生素C具有很强的还原性，高锰酸钾具有很强的氧化性，两者接触会发生氧化还原反应，维生素C能将紫色的高锰酸根还原成无色的锰离子。

技能

观察能力，探究能力，归纳能力，数据分析能力，合作能力。

材料

柠檬，草莓，猕猴桃，苹果，0.5%高锰酸钾溶液，0.1%高锰酸钾溶液，试管，滴定管，研钵，纱布，烧杯。

时间

60 分钟。

活动对象

小学 5～6 年级。

活动目标

知道果蔬维生素 C 含量测定的方法，能说出试验过程并进行独立操作，完成试验数据分析，锻炼学生的动手操作能力。学生能够形成合理摄取维生素 C 的意愿，愿意尝试健康的饮食方式。

评估方式

- 课堂互动。在活动中进行引导性提问与自由讨论，判断回答问题的准确性，观察学生参与交流的积极性。
- 实践操作。可以在引导学生滴定、计滴数、探究实验等操作过程中，观察学生操作的规范性和参与度。
- 学习单。审核学生学习单的填写是否准确、详细。

内容背景

维生素 C 简称维 C 或 VC，是人体不能自身合成的一种必须营养素，因其具有防治坏血病的功能又被称为抗坏血酸，对于人体健康具有多种生理功能，可以促进胶原蛋白的形成，亦可促进人体内抗体的生成，在维持机体正常免疫力上具有重要意义。

维生素 C 广泛存在于植物和动物体内，直到 20 世纪 20 年代才被匈牙利的一名科学家阿尔伯特·森特·哲尔吉发现。正是因为发现并分离出了维生素 C，这名科学家获得了诺贝尔医学奖，他也首次指明了维生素 C 在治疗和预防坏血病中的作用，对于疾病的预防和治疗有重要的价值。

准备工作

- 复印学生使用的学习单。

- 购买水果，按小组准备试验材料、工具和器皿等。
- 课前安全教育。

活动过程

1. 教师导入提问："'海上凶神'你们听说过吗？"以对学生来说相对神秘的故事勾起孩子们对课程内容学习的兴趣。教师将苏教版四年级《语文》上册《维生素C的故事》讲述给学生，使学生了解维生素C的发现及对人体健康的重要意义。

2. 教师继续提问："维生素C存在于哪里呢？为什么不吃新鲜的野果就会得坏血病呢？"学生通过思考能够很快得出："野果里富含维生素C""人体不能自身合成这种物质"，帮助学生科学全面地认知维生素C，指明人体通过食用新鲜的水果蔬菜来摄取维生素C以维持身体的健康。

3. 展示4种水果，学生结合已有认知，猜测4种水果的维生素C含量高低，提出假设，并填写学习单。

4. 教师将提前准备好的水果（猕猴桃）提取液滴入高锰酸钾试剂中，让学生观察现象，总结原理，引导学生提出试验方案。观察到的现象是：水果提取液能使紫色的高锰酸钾溶液褪色。总结出的原理是：水果提取液中含有维生素C，维生素C能和高锰酸钾发生化学反应使其褪色。教师提问：利用这个原理，如何能比较出四种水果的维生素C含量多少呢？调动学生的主观能动性，主动思考探究方法，说出维生素C含量高的水果提取液与高锰酸钾发生的化学反应更强烈，褪色比较快，用量少。教师追问：那跟高锰酸钾的浓度有没有关系呢？引导学生思考单一变量的问题，排除高锰酸钾浓度对测定结果的影响。

5. 学生在掌握了试验方法后，按小组分别依次处理4种水果，按照清洗样品、沥干水分、切取可食用部分放入研钵、充分研磨成糊状、过滤取滤液、装入试管的步骤，得到4种水果提取液。然后分别取0.5%和0.1%浓度的高锰酸钾溶液各2ml于8个试管中，用4种水果提取液分别滴入两种浓度的高锰酸钾溶液中，边滴边摇晃试管，记录下紫色褪去时所滴入的提取液体积，每种样品重复以上过程3次，取平均值。教师提问：紫色褪去时消耗的水果提取液体积和维C含量之间是什么关系？学生思考得出结论：消耗的体积越小，证明其维C的含量越高。

6. 学生填写学习单，记录试验结论。

7. 教师组织学生进行分享，通过此次活动有什么收获？有什么体会？有哪些感受？

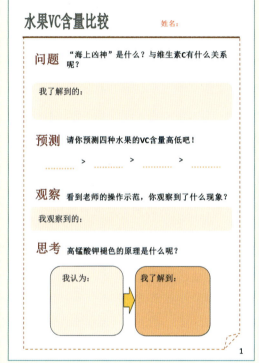

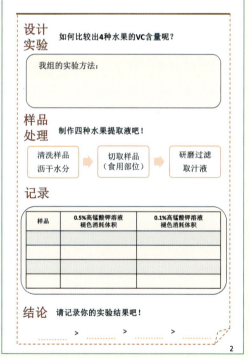

参考文献

[1] 宋淑敏，2020."比较不同果蔬中维生素 C 的含量"实验的改进与优化 [J]. 中国生物学，36(04)：41-42.

[2] 徐攀攀，许会艳，2020. 果蔬中维生素 C 含量测定方法研究进展 [J]. 广州化工，48(08)：18-20.

拓展

- 学生操作部分，可以每组测定 1 种水果，4 个组分享试验数据即可得出结论。
- 可以探究其他常见的水果或蔬菜的维生素 C 含量，也可以比较放置久了和新鲜的果蔬中维生素 C 含量的差别。
- 尝试将水果或蔬菜以蒸、煮或炒的烹饪方式进行加热，比较加热前后维生素 C 的含量变化，也可针对同一种烹饪方式不同加热时长下探究维生素 C 含量的变化，了解健康饮食烹饪习惯。
- 为了得到更加精确的维生素 C 含量数值，可以尝试碘量法或者比色法进行测定。

中草药——神奇的果蔬保鲜剂

简介

掌握影响果蔬保鲜的外界因素；学习中草药保鲜剂的原理与制备和处理果蔬的方法，理解生物保鲜法在降低环境污染、减缓气候变化方面的价值。

关联学科

生命科学，环境科学，食品科学，中医药学，有机化学。

概念

1. 人类食用的果蔬产品不易保存，食用不新鲜或变质的果蔬会给人的健康带来不利影响。

2. 化学保鲜方法使用不当容易产生残留，影响人的身体健康并对环境产生污染；物理保鲜方法成本高、耗能多、碳排放大。

3. 中草药果蔬保鲜剂取自中草药植物，保鲜效果好，同时对人体安全无副作用，也不会对自然环境造成损害，是一种天然保鲜剂，具有很大探究和发展趋势。

技能

观察能力，探究能力，搜集信息能力，合作能力、总结归纳能力，分析能力。

材料

电磁炉，中药材（大黄、高良姜），熬制好的中草药提取液，蒸馏水，新鲜果蔬（草莓和油菜），100ml 量筒，900ml 烧杯，电子秤，镂空托盘，打好孔的保鲜袋，一次性手套。

名称	数量及单位	说明
阅读材料和学习单	各 25 份	锻炼学生的信息提取能力，检测学习内容
电磁炉	2 台	熬制中草药提取液
大黄、高良姜	各 300g	熬制中草药提取液
蒸馏水	10L	熬制中草药提取液和定容用
熬制好的 6 份中草药提取液和 2 份蒸馏水	8 份	分别为 2 份大黄提取液、2 份高良姜提取液、2 份大黄和高良姜的混合提取液
草莓和油菜	各 3 份	试验果蔬材料
100ml 量筒	6 个	定容用
900ml 烧杯	8 个	放中草药提取液和蒸馏水用
电子秤	6 台	称量果蔬
镂空托盘	8 套	沥水和称量使用
打好孔的保鲜袋	8 个	保存试验果蔬样品
一次性手套	25 双	处理和称量腐烂果蔬
小勺	6 个	刮取腐烂果蔬
培养皿	6 个	放置在电子秤上用于称量腐烂果蔬

时间

活动 A：90 分钟；活动 B：90 分钟。

两次活动课放在两周进行。

活动对象

小学 4～6 年级（10～12 岁）。

活动目标

识别几味中草药，掌握中草药保鲜成分的作用原理及保鲜剂制备方法，了解现代工业化食品保鲜方法的优缺点；通过学习实践，形成参与者在生活中使用可再生资源的习惯，培养其环保、健康的生活理念，积极为保护环境、减缓气候变化做贡献。

评估方式

- 课堂互动，在活动中进行引导性提问与自由讨论，观察学生回答问题的准确性和参与交流的积极性。

- 阅读材料，学生使用阅读材料自学保鲜剂制备方法和果蔬处理方法，自学后，邀请学生复述材料内容，判断其自学效果及对知识的掌握程度。
- 实践操作，可以在学生配制中草药保鲜剂并对果蔬进行保鲜处理的过程中，通过观察学生的操作及保鲜效果来判断学生的学习效果。
- 学习单，审核学生学习单的填写是否准确、详细。

内容背景

这一活动从最常见的生活问题——食物保鲜入手，通过发掘中草药能为果蔬保鲜的特殊功效，引导参与者深入学习药用植物的相关知识，从科学的角度了解中华传统医学文化。同时，通过亲手制作中药保鲜剂、使用保鲜剂处理果蔬等实践环节和分析化学、物理、生物保鲜法的优缺点，充分理解气候变化对人类生活的巨大影响，并探索降低污染、减缓气候变化、有益健康的果蔬保鲜方法。

准备工作

- 复印"学生使用的任务单"和"阅读材料"（双面复印）。
- 教师准备课程相关的实验设备，包括制备保鲜剂所需要的中药材及电磁炉、天平及烧杯等容器。购买用于保鲜处理的新鲜水果与蔬菜，并存放于冰箱冷藏室备用。
- 学生准备用于学习与观察记录的笔记本和笔。

活动过程

活动 A——

1. 教师进行导入提问：为什么果蔬需要保鲜？果蔬在采摘后还在进行哪些生命活动？什么样的环境条件有利于果蔬的保鲜？引导学生对果蔬保鲜产生好奇心。

2. 教师提问引出果蔬保鲜的相关知识点，让学生进行思考，并结合自己的生活经验，充分了解果蔬保鲜的历史、作用及常见方法，并对工业化保鲜方法和中草药保鲜法的优缺点进行对比。

3. 引导学生通过看、摸、闻等方式，帮助学生识别4种常用于中草药保鲜剂研究的药材，并了解其用于果蔬保鲜的作用原理。

4. 对学生进行异质分组，共分为6个小组，学生自学老师准备的阅读材料，掌握关键数据和信息。组内学生自行分工学习，并通过复述的方式，与其他组员分享水煎法的中草药提取液制备方法、果蔬试验样品的处理方法。再运用分享的知识结合老师提供的材料讨论试验设计方案，最后将本组学习与讨论的内容总结后与全班分享。

5. 学生以小组为单位，使用老师提前熬制好的中草药提取液、量筒和蒸馏水配置中草药保鲜剂。

6. 各小组对果蔬材料进行称量取样，并将果蔬样品在保鲜剂中浸泡5分钟。浸泡完成后，放置在沥水盘中晾干（时间较长，装袋由老师课后进行），将样品放入保鲜袋中并进行标记。

7. 引导学生思考中草药果蔬保鲜的实际意义。学生基本能说出中草药保鲜剂是天然的抗菌剂、效果好、无污染等特点。

8. 教师以提问的形式带领学生总结梳理课程内容，并组织学生进行讨论与总结，分享交流心得体会，让学生对各组试验结果进行预测，并完成任务单上相关内容的填写。

活动B——

1. 教师以提问的形式带领学生回顾上次课主要内容。

2. 教师给各组学生布置任务，包括学会使用感官评定标准表为果蔬试验样品进行打分、计算失重率和腐烂率、根据数据分析得出试验结果以及最后的展示交流，帮助学生了解本次活动的主要任务。

3. 教师向学生展示感官评定标准表，指导学生正确使用该表为本组的试验果蔬现状进行打分，并记录在任务单上。

4. 教师向学生分别出示计算失重率和腐烂率的公式，告知学生如何利用电子秤进行正确的称量并指导学生进行计算，得出数据依次记录在任务单上。

5. 引导学生分析本组数据，通过讨论得出初步试验结果。

6. 各组数据分别汇报给大家，将草莓的3组数据和油菜的3组数据分别进行对比得出试验结论。

7. 分发汇报用纸、彩笔，各组学生准备展示内容，包括试验结论、课上做了什么、学到了什么、有什么收获和体会等。内容可以用文字、绘画等多种形式展现。

8. 组织各组学生上台交流展示。

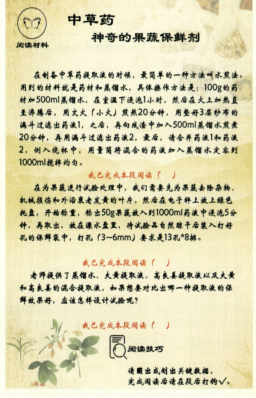

中草药
神奇的果蔬保鲜剂

我组试验提取液为（大黄、高良姜、复合提取液）请勾选

▸ 任务一
使用感官评定标准表评分

名称	新鲜度	色泽	气味	组织状态	腐烂情况	得分
油菜						
空白对照						
草莓						
空白对照						

▸ 任务二
计算失重率

油菜：　　　　　　空白对照组：

草莓：　　　　　　空白对照组：

▸ 任务三
计算腐烂率

油菜：　　　　　　空白对照组：

草莓：　　　　　　空白对照组：

中草药
神奇的果蔬保鲜剂

▸ 分析数据（草莓、油菜）请勾选

名称	感官评分	失重率	腐烂率
大黄提取液			
高良姜提取液			
复合提取液			
空白对照组			

▸ 我组得出的试验结论

我组设计了用_____提取液为_____进行保鲜试验处理，我组的试验结果是用_____提取液处理过后，保鲜效果比对照组_____，比_____提取液处理_____，比_____提取液处理组_____。

同住一片蓝天下　共筑绿色家园梦

参考文献

[1] 赵冉冉，孙彬青，等，2017. 中草药提取物的研究现状及应用 [J]. 广州化工，45(12)：5-7.

[2] 付娟，2016. 古代新鲜果蔬如何保鲜 [J]. 农艺 (3A)：59-60.

[3] 汤石生，刘军，等，2018. 果蔬保鲜贮藏技术研究进展 [J]. 现代农业装备 (4)：67-73.

[4] 宿献贵，董晓菊，等，2008. 中草药提取液对青菜保鲜效果的影响 [J]. 陕西农业科学 (1)：59-62.

拓展

● 可组织学生探究果蔬农药残留方面的内容，帮助学生直观认识生物保鲜剂与化学保鲜剂的优缺点。

● 可组织学生探究中草药保鲜剂对其他果蔬或者鸡蛋、鲜鱼、鲜肉的保鲜效果。

● 中草药除了应用于医学、食品保鲜等领域，其实在杀虫剂、饲料、肥料等多领域都有研究或应用，可围绕中草药这一主题带领学生在更广的领域进行探究，帮助学生理解可持续发展理念可以贯穿于各行各业。

动手体验技能篇

种子称量大比拼

简介

种子是与人们生活最密切相关的植物器官，吃穿都离不开它。但要看见完整的种子形态并不容易，因为出现的种子通常是经过加工，只缘"身在此山中"。学生通过种子墙和"连连看"，认识常见植物种子，感受植物的多样性。学着四分法取样和天平的使用，试着计算种子千粒重，知道千粒重是衡量种子品质的重要指标，感受质检员严谨、公正的态度。

关联学科

生命科学，物理学。

概念

1. 种子是被子植物和裸子植物特有的繁殖体。
2. 种子千粒重反映种子的饱满程度，是种子质量指标之一。一般来说，标准水分条件下，同一作物品种，千粒重高的，质量就好，播种后往往表现出苗整齐，幼苗生长健壮。

技能

操作技能，总结归纳能力，分析能力。

材料

天平，称量纸，透明的杯子（放种子，便于学生取用），展示墙，香菜、棉花、葱、荞麦、苦瓜、菠菜、萝卜、水稻、麦子种子，即时贴。

时间

60 分钟。

活动对象

小学 3～6 年级。

活动目标

对照种子图片或实物，能正确写出其中的 3 种植物名称。学会天平的使用，能准确称量种子的百粒重，会转换成千粒重。试着用四分法取植物种子，了解取样代表性的重要性。能说出同一实验多次重复的原因，感受科学的严谨性。

评估方式

- 实践操作，在引导学生利用天平称量、记录等操作过程中，观察学生操作的规范性和参与度。

- 学习单，审核学生学习单的填写是否准确、详细。

内容背景

《小学科学课程标准》的总目标中有"知道与周围常见事物有关的浅显的科学知识""了解科学探究的过程与方法"的描述。香菜、葱、荞麦、苦瓜、菠菜、萝卜、水稻、小麦是人们经常食用的植物。在城市中长大的孩子，很少有机会观察、认识这些与生活息息相关的植物种子。通过"植物种子称量"活动，学生可以与它们亲密接触，获得植物种子的直接经验，同时体验了科学实验的严谨性。

6～12 岁的学生能凭借具体事物或从具体事物中获得的表象进行逻辑思维，形成概念、发现问题、解决问题都必须与真实、有形的事物相联系；见过香菜、葱、荞麦、苦瓜、菠菜、萝卜、水稻、小麦的食用部分，很少见过它们的种子；活泼好动，做过一些简单的科学实验，对科学实验抱有很大的兴趣。

准备工作

- 设计、制作"学生学习单"，教学 PPT 的准备。

- 购买香菜、葱、荞麦、苦瓜、菠菜、萝卜、水稻、小麦种子，并将种子分装到小袋子里，一部分悬挂在种子展示墙上，另一部分放到托盘里。
- 称量天平、称量纸、培养皿、纸杯等实验器材的准备。
- 布置种子墙。在教室的墙壁上挂上每种植物的介绍，小袋里有种子，上面有照片。

活动过程

第一阶段："兴趣是学习最好的老师"，将游戏和学习内容相结合，以激发学生的兴趣，消除对新知识的陌生感和排斥感。学生将同一种植物的不同器官图片相连，完成种子连连看。左侧是日常熟悉的植物照片，右侧是种子图片。希望学生建立新知识－植物种子与旧植物－日常熟悉的植物形象联系，完成新旧知识的整合。

第二阶段：教师创设真实情景，任务驱动式学习。展示成袋的植物种子，以"由于播种需要，师傅们采购了种子，如何评价种子的质量？"引出千粒重的概念和意义。"是要数出所有种子的数量、称出重量来计算吗"引出取样的必要性。"是把大种子挑出来吗？"引导学生思考取样的代表性。继而播放四分法视频。请一位学生实施四分法，讨论四分法的注意事项。

第三阶段：以跷跷板的游戏导入，从学生熟悉的场景入手，以问题做引导，帮助学生将具体实践经验与抽象概念——天平的工作原理联系起来。以"如果我们有分身术，每一边都坐了你，会怎么样？""在跷跷板两边放上蔬菜，跷跷板保持水平，两边一样重吗？""跷跷板一边放上蔬菜，一边放上砝码，跷跷板保持水平，两边一样重吗？""现在知道砝码的重量，蔬菜的重量可以知道吗？"

"再把跷跷板缩小，就变成天平了"过渡到天平的使用。教师对照天平实物讲解其构成。以问题"如何判断天平水平了？""怎么通过砝码和游码使天平水平？"教师组织学生讨论，总结出天平使用方法。

学生选取3种植物的种子，通过四分法取样，称量并记录到表格中，完成学习单的填写。

植 物 四 季 课 堂

第四阶段：教师在墙上贴1张彩纸，学生将自己想到任何有关种子的想法、问题记录下来，贴到墙上。现在全社会都意识到培养创新精神的重要性。发散思维是创造性思维的最主要特点。在奇思妙想角中，鼓励学生进行种子的发散思维，将各种想法记录下来，让学生自由的表达。

第五阶段：拓展思考"同一种植物的种子，重量越重越好吗？同一实验，为什么要重复三次？"结束活动。

注：此活动设计者魏红艳。

种子称量大比拼　　姓名：

连连看　请将下图中的同一植物的图片、名称用线连接。

种子图片	植物图片	植物名称
		苦瓜
		菠菜
		玉米
		萝卜
		荞麦
		水稻
		小麦

1

称一称　请将种子称量得到的数据填写到下表中。

种子名称	重量（克/粒）	千粒重	备注

分析　同一植物，相同数量的种子越重越好吗？为什么同一实验，至少要重复三遍？

感受

2

动手体验技能篇

草木染

简介

体验传统草木染的过程，感受植物在传统文化中的重要地位，理解植物染的环境友好性。

关联学科

植物学，植物文化，劳动技术，服饰工艺。

概念

1. 草木染，顾名思义就是运用植物的根、茎、叶、果实等，通过浸渍或者发酵等方法提取色素，对纺织品进行染色的传统手工技术。

2. 草木染集自然物之美，聚植物沉静柔和而安定之气质。这些出自于大自然的色彩，浓缩了先民无上的智慧，透过美丽的颜色，我们可以看到一个文化底蕴浓厚的中华。草木染不仅遵循"原生态，原材料，原技艺"的三原则，还让体验者与自然亲密接触，感受传统文化的魅力。

3. 自古以来，黄色代表着高贵、吉祥的象征含义，是五正色之一。《说文解字》中说："黄，土之色也。"一部分华夏祖先生活在黄河流域的黄土高原，而土地给予了动物、植物生命的来源，所以古人用黄色代表土地，黄色也被称为吉祥的颜色。

4. 栀子是我国古代种植最广泛、运用最多的黄色染料。早在秦汉时期便是帝王专用服饰染料之一，但是栀子染黄易褪色，而且是明黄，过于鲜艳，后来君王逐渐喜爱柘木染的赭黄。但用栀子染黄更符合可持续发展理念，至今仍然延续应用。

技能

信息提取能力，观察能力，动手能力，语言表达能力。

材料

工具：电磁炉、锅、漏勺、小盘（盛放滤渣）、皮筋（每人3根）、镊子、一次性手套（可选）。

原料：柘木枝、黄檗皮、栀子果、白手绢（每人1条）、白矾（可选）；200g栀子果配5000ml水（提前1小时浸泡栀子果）。

时间

90分钟。

活动对象

小学3年级以上。

活动目标

知道柘木、黄檗树皮、栀子果实是古人染黄的3种常见原料，简要了解栀子染黄的特点及其在历史上的应用情况。通过亲身实践，学会用栀子果实提取染料，掌握传统的扎染方法，感受植物在传统文化中的地位，理解草木染的环境友好性。

评估方式

- 课堂观察。通过师生提问互动，了解学生对常见染黄染料认识、栀子染黄特点及其应用情况。
- 动手操作。通过观察学生实际操作情况，了解学生对栀子染黄方法的掌握情况。

• 分享展示。通过学生展示染黄作品、分享活动心得，了解学生对草木染的认同情况。

内容背景

传统植物染料染色技艺在我国历史悠久，民国以前国人服饰及绣品均出自植物染色，印染方法灵活多变，主要有扎、绞、夹、拓印。文字记载最早始于商周，掌握印染植物的官员称为"染人"。《诗经》中"青青子衿""绿衣黄裳"，就是描述服装染色，流于民间口口相传的民歌。荀子在《劝学》中"青出于蓝而胜于蓝"，亦取之于大自然中植物染色的提取和运用的生活场景。可以说，传统植物染料染色技艺是中华民族漫长文化发展的"活化石"。

栀子（*Gardenia jasminoides*）属茜草科栀子属，常绿灌木，因分布较广，生长在不同环境的植物发生性状变异，其变异主要可分为两个类型：一类通常称为"山栀子"，果卵形或近球形，较小；另一类通常称为"水栀子"，果椭圆形或长圆形，较大。前者适于药用，后者适于染料用。

准备工作

• 分小组准备，每个小组电磁炉1个、铁质容器2500ml容量以上、栀子果100g、漏勺1个、滤渣盘1个、大量杯1个。

• 按学生人数准备每人1个棉质白手绢、1个镊子、1副一次性手套、每人3根皮筋，如有条件可提前将白手绢清水洗一下晾干（现代工艺的白手绢一般含有荧光剂，对植物染料有影响）。

• 上课前1小时左右用清水浸泡栀子果。

活动过程

一、猜一猜（5分钟）

首先，教师展现一条事先染制好的黄色围巾，请各组学生猜一猜其由哪种植物材料染制而成。学生通过教师提供的线索，即柘树枝、黄檗皮、栀子果3种可染黄的植物原材料及其说明卡进行判断。然后，教师根据各组回答情况，引出栀子、柘树、黄檗是古代常用黄色染料，并指出柘树和黄檗主要应用茎干做染色原料，而栀子染黄应用的是果实，所以后者做染料更符合可持续发展理念，至今仍然延续应用。最后，教师引出本次活动内容。

二、学一学（15分钟）

首先，教师为学生发放提前准备好的关于栀子介绍及其染料应用的相关阅读材料，要求学生在阅读之后能回答三个问题：①哪个考古事件能证明栀子是中国历史较早应用的染黄植物？②栀子染色的主要特点是什么？③栀子染色适用哪些范围？接着，学生代表回答相关问题。最后，教师小结相关问题，引出下一活动环节。

三、做一做（50分钟）

学生分成小组，每个小组不超过4人，按照老师讲解的水染步骤进行实际操作。

制作过程参考：

①每组学生将浸泡好的栀子果放在电磁炉上加热至沸腾，提醒学生注意安全，避免烫伤。

②开锅后计时，将栀子果煮制20分钟左右。

③煮制染料的同时教孩子扎染手绢的方法；

3种扎染基本扎法：

条纹法，将手绢卷成条形，从中间对折，用橡皮筋扎紧；

点扎法，将手绢对角线对折成三角，再对折一次，用皮筋将三个角扎紧；

同心圆,用手将手绢的中间部位攥紧提起,用皮筋扎紧。

④染料煮好后,指导学生用漏勺将滤渣(栀子果)捞出,放在滤渣盘里。

⑤不用关火,指导学生将自己扎好的手绢放入染料中继续煮制,放置的时候注意手部不要碰到染液,以免烫伤。

⑥继续煮制20分钟,期间指导学生用镊子翻动手绢,保证手绢全部没入染液中,均匀浸泡。

⑦结束后关火,指导学生用镊子夹出手绢,放在纸巾上将多余水分吸干,等待冷却(10分钟)。

⑧待手绢冷却后让学生拆除皮筋(皮筋可回收),学生打开自己的作品(无需清洗,晾干后可清洗)。

最后成果参考:

四、说一说（20 分钟）

邀请各组同学展示自己的扎染作品，并引导学生围绕"栀子染黄有哪些优点""制作过程中遇到了哪些困难"等问题进行分享。最后，教师小结草木染在当今的应用价值及其环境友好性。

参考文献

[1] 张依婷，刘颖，2019. 传统印染工艺中草木染的文化价值 [J]. 山东纺织经济 (11):31-33.

[2] 周姝敏，2018. 传统草木印染系列研究——天玄地黄 [J]. 轻工科技，34(07): 111-112.

[3] 李俊蓉，2020. 浅析古代传统染色技艺"栀子染"的发展演变 [J]. 纺织报告，39(07):16-19.

拓展

- 中国传统五色是黑，白，赤，青，黄。黑色象征着北方，红色象征着南方，白色象征着西方，青色象征着东方，黄色象征着中央。司马迁在《史记·五帝本纪》中记载："黄帝作冕旒，正衣裳，以表贵贱。"在古代，色彩是封建等级制度的象征。

- 栀子果是中国历史上较早使用的黄色植物染料。长沙马王堆一号汉墓出土的部分黄色纺织品是最直接的证据。因为经检测该织物是由栀子染液直接或者加入媒染剂染成，而又因其以铝，硅为多，说明当时使用的媒染剂可能是属于矾土一类的矿物。可见，至汉古人已较为熟练地运用栀子直染，或利用易得的矿物作为媒染剂进行媒介染。栀子果上色快，颜色明亮，所谓明黄，但是褪色也快，历史上后来逐渐被槐米取代；今学者对其染色原理的研究可得，栀子的果实中含有"藏花酸"这种黄色素，是一种直接染料，染出的黄色微泛红光。栀子黄具有良好的色泽和安全性，我国 1997 年颁布了《食品添加剂：栀子黄 (GB7912-2010)》的国家标准。栀子油，栀子酒，栀子果茶及栀子花茶，栀子果糖果胶等产品。

- 除了栀子以外，柘黄，黄檗也是中国古代常见的染黄植物染料。柘木是一种落叶灌木或小乔木，是有着"南檀北柘"之称的名贵树种，可染黄，亦可入药。自隋文帝始，为帝王服饰专用染料，正如《唐六典》中记载："隋文帝着柘黄袍，巾带听朝。"李时珍的《本草纲目》这样描述柘木："其木染黄赤色，谓之柘黄，天子所服。"可见，柘木染的赤黄色被称为柘黄，是皇帝的服色。据记载，用柘木汁染出的黄色在月光下会呈现出泛着红光的赤黄色，在烛光下成光辉的赤黄色，亦称为赭黄色，其色彩绚烂夺目，神秘高贵，不易褪色，因此自隋唐以来便成为帝王服的专属染料。黄檗，木材坚硬，树皮入药，茎可制黄色染料，染就黄中泛绿的色彩。南宋诗人鲍照曾写出"锉檗染黄丝，黄丝历乱不可治"的诗句，表明南宋时期黄檗入染已是流行之势。《天工开物》中记载的鹅黄色便是由"黄檗水煎染，靛水盖上"而得。除了鹅黄，黄檗还可以染就豆绿色，蛋青色等。黄檗不仅染色方便，其中的小檗碱还具有杀虫防蠹的效果，在宋锦染色中有不可替代的作用。

内脂豆花的制作

简介

知道古法豆腐的制作流程；认识厨房小家电，探究制作内酯豆花的过程；动手实践，制作美味的内酯豆花并分享劳动成果。

关联学科

食品科学。

概念

1. 生活中的豆腐来源于大豆的种子，经过豆浆、豆腐脑、豆花中间过程。
2. 大豆是食物中蛋白质的重要来源，食品添加剂能使豆类中蛋白质凝固。
3. 石膏、卤水、葡萄糖酸-δ-内酯等是豆腐生产中常用的凝固剂。

技能

观察能力，探究能力，动手操作能力。

材料

食物料理机，水浴锅，电磁炉，汤锅，不锈钢碗，塑料烧杯（1000ml），过滤纱布，黄豆，食用葡萄糖酸-δ-内酯。

时间

90分钟。

活动对象

小学 3～6 年级。

活动目标

1. 通过观看视频和讨论，能说出古法制作豆腐的流程。
2. 通过阅读资料，知道食物料理机、水浴锅和电磁炉在制作豆腐中的作用。
3. 通过小组协作和教师指导，完成内酯豆花的制作。

评估方式

- 通过小组讨论成果的分享，完成对目标 1 的评估。
- 通过学习单，完成对目标 2 的评估。
- 通过品尝和分享，完成对内酯豆花实践操作的评估。

内容背景

豆腐是我国传统的食材，源于大豆的种子，经过制浆、凝固、滤水主要过程。

豆花也称豆腐花，与豆腐脑都是豆腐制作中的中间产物。在豆浆中加入凝固剂，首先凝固成豆腐脑，继续凝固，就是豆花，将豆花放入豆腐模具中压实并滤去水分之后就是豆腐。

添加不同的凝固剂，形成不同种类的豆腐。北豆腐也称"卤水豆腐"，用盐卤作为凝固剂，盐卤主要成分有氯化铁、氯化钙和硫酸钙等。北豆腐固体含量高，质地比较硬。南豆腐也称"石膏豆腐"，用石膏（硫酸钙）作为凝固剂，含水量比北豆腐高，质地较为细腻。内酯豆腐用葡萄糖酸内酯为凝固剂，也称绢豆腐，含水量最高，质地比北豆腐和南豆腐嫩滑、细腻。葡萄糖酸内酯为白色结晶或白色结晶性粉末，几乎无臭，水解产生葡萄糖酸，使蛋白质凝固，易溶于水。常用作食品添加剂，可以用于豆腐的生产，也可作为奶类制品蛋白质凝固剂。

准备工作

1. 查阅资料，撰写活动方案；收集资料，完成教学 PPT 和学习单的制作。

2. 准备活动用具，进行预实验，确定凝固剂浓度，加热温度和时长。

3. 布置活动用具，区划小组活动区域。

4. 提前12小时泡制黄豆。

活动过程

1. 利用教师展示的大豆和豆浆照片，学生讨论并分享这两种食材的相关知识和联系。

2. 学生观看李子柒"古法制作豆腐"视频，关注并记录豆腐制作流程。

3. 学生进行小组讨论，并分小组总结，视频中豆腐制作流程。

4. 通过资料和PPT，学生知道豆腐、豆花的相关知识。

5. 学生利用教师提供的水浴锅、食物料理机和电磁炉使用说明，学习这些仪器的功能，推测这些仪器在制作豆腐中的用途。

6. 小组讨论内酯豆花制作过程并分享，在教师指导下补充完善内酯豆花的制作流程。

7. 学生在教师的指导下使用食物料理机，将浸泡好的黄豆粉碎；用纱布滤去豆渣，将滤好的豆浆放入汤锅中，打开电磁炉，将豆浆煮沸。

8. 通过教师示范，学生学习并配制适合浓度的内酯水溶液，注意安全，并要不断搅拌。装入不锈钢碗备用。

9. 学生在教师指导下，将定量的豆浆冲入不锈钢碗，轻轻放入定好温度和时间的水浴锅中保温。

10. 学生完成学习单的填写。

11. 学生加入教师制作的调味料，全班分享各组制作好的内酯豆花。

12. 小组评价各组制作好的内酯豆花，并交流制作体会和感受。

动手体验技能篇

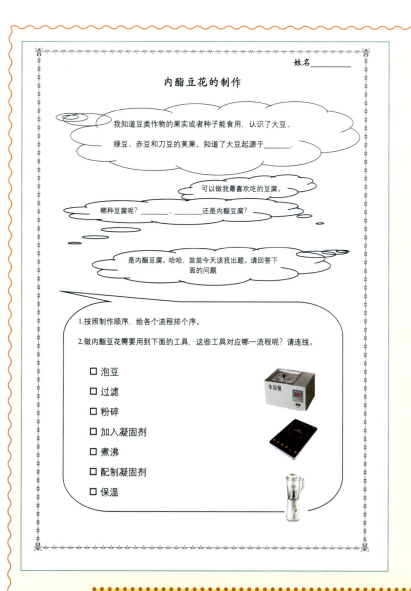

参考文献

[1] 岳振峰，吴晖，陆玲，等 .1998. 多功能食品添加剂 D– 葡萄糖酸 –δ– 内酯 [J]. 食品工业 (03):25-26.

[2] 张鑫平，孙德伟，李建周，等，2020. 内酯豆花制备工艺的响应面法优化 [J]. 中国食品添加剂，31(12):16-24.

拓展

- 可以使用不同的凝固剂，制作豆腐脑，比较不同凝固剂制成豆腐脑的味道。

植物四季课堂

巧手捏根茎

简介

观察几种根茎类蔬菜，使用超轻黏土捏制根茎模型，知道其食用部位所对应的植物器官，学会区分常见根茎类蔬菜是何种器官的"小窍门"。

关联学科

生命科学，劳动技术。

概念

1. 植物在长期的系统发育过程中，由于环境变化而引起其器官在形态和结构上产生可遗传的明显改变，其功能也发生特化，称为变态。作为植物营养器官的根与茎，变态类型多样。

2. 常见的根茎类蔬菜中，萝卜和红薯分别属于由植物不同类型的根（主根或侧根）膨大增粗后形成的肉质根和块根。莴笋、土豆和藕都是茎，根据形态分别称为肉质茎、块茎和根状茎。

3. 莴笋和藕具有明显的节与节间，节上有芽可以长叶；土豆有叶脱落后留下的叶痕，挨叶痕还有凹陷的芽眼，内生有多个芽。这些形态结构都是茎所具有的特征。

技能

观察识别能力，动手操作能力，分析能力，总结归纳能力。

材料

蔬菜实物（胡萝卜、莴笋、土豆、红薯和藕），各色超轻黏土，垫板等辅助工具，学习单。

时间

60 分钟。

活动对象

小学 2～5 年级。

活动目标

通过实物观察和动手制作，能记住几种常见根茎类蔬菜所食用的具体器官，可以识别节和节间、叶痕和芽眼的形态，对植物营养器官变态的概念内涵有所了解。

评估方式

• 在引导学生观察到作为蔬菜的几种植物变态根与茎的形态区别过程中，关注学生的注意力是否集中和观察比较的细致程度。

• 动手制作，关注学生在用超轻粘土捏制蔬菜模型操作中的动手能力以及是否能感受并表现出根与茎的美观性和科学性。

• 学习单，检查学生对几种根茎类蔬菜实物的观察描述，填写"初分类"和"再分类"的结果比较，是否能呈现出用眼观察和动手操作后的认知与感受。

内容背景

根茎类蔬菜是一类以食用其根或茎器官为主的植物，我们每个人都经常见也经常吃，却不是都能正确说出它们究竟是植物的根还是茎。因为根茎类蔬菜中的许多种类是植物的根或茎器官发生特异性改变，外部形态和内部组成成分产生了明显区别于正常器官的变化，比如外形膨大增粗、体内蓄积大量淀粉等，从而导致不易直观判断。

本活动选取了最常见且极易混淆的 5 种根茎类蔬菜：萝卜、莴笋、土豆、红薯和莲藕，通过眼睛观察实物，耳朵听取讲授和动手制作模型，帮助学生识记这几种蔬菜的"真实身份"，知道它们是植物的变态器官，学会分辨它们的科学小窍门，对植物根与茎器官的形态功能区分方式有所了解掌握，让学生感受到植物的生存"智慧"。

这项活动从大家熟悉的蔬菜入手，配合小学生喜闻乐见的动手制作环节，贴近生活且易于激发兴趣。根据各年级学生不同的认知水平和动手能力，可增减选取包括以上所述 5 种以及石刁柏、竹笋、姜和蒜等其他根茎类蔬菜，还可结合食用部位的营养价值介绍，使活动更具实用性和针对性。

准备工作

- 设计制作教学 PPT 和学习单。
- 购买胡萝卜、莴笋、藕、土豆和红薯 5 种根茎类蔬菜，注意所挑选用于展示的蔬菜要外形标准美观，形态典型以易于观察到。
- 为每位学生准备包括绿、橙、白、棕、灰等色的超轻黏土，及垫板和辅助制作用小工具。

活动过程

1. 学生进行"摸物猜名"游戏。将手伸入暗箱，通过摸到的蔬菜的形状和手感等猜测说出其中一种的名称，之后亲手取出所猜测的蔬菜向全体同学展示。无论对错，教师引导学生说出自己猜测判断的原因（说明：建议暗箱里同时放有多种根茎类蔬菜和几种叶菜及瓜类，利于学生进行比较获得结果）。

2. 根据游戏结果，提问学生："哪些蔬菜仅通过触摸手感易混淆猜错？"学生回答，教师点明根茎类蔬菜这一名称，师生共同说出常见的根茎类蔬菜的种类。

3. 教师追问："根茎类蔬菜，被我们吃进肚子里的到底是植物的根还是茎呢？"引出不同的根茎类蔬菜分别属于不同的植物营养器官，进而展示胡萝卜、莴笋、土豆、红薯和藕5种新鲜蔬菜，学生用眼看、手摸、鼻闻等方式观察实物，在学习单中写出自己的"初分类"结果。

4. 学生发言，阐述各自"初分类"依据。针对学生的不同结果，教师不急于公布正确答案，而是启发学生采用分组比较法，以减少比较对象，降低难度提高针对性，更加清晰明确而易于获得对应结果。胡萝卜、莴笋和藕分为第一组，土豆和红薯为第二组。

5. 引导学生先观察第一组的胡萝卜、莴笋和藕三种蔬菜，总结出它们的形态区别：莴笋和藕的通体有多条或突起或凹陷的明显环状形态部位，且在这些部位上有芽和叶，而胡萝卜看不到呈环状的部位同时仅有顶端长叶。再观察分析第二组土豆和红薯的外形差异：土豆表面有呈螺旋状排布的多个"眉毛和眼睛"结构而红薯表面没有。学生用语言或绘图形式将观察结果填写学习单。

6. 为加深对观察结果的记忆与理解，学生使用超轻黏土捏制胡萝卜、莴笋和藕三种根茎类蔬菜的实物模型。按学习单上的制作过程图片分步操作，捏制组装各形态部位，对胡萝卜的短缩茎、莴笋和藕的节及其上长出的叶，形成具体且立体的实物化概念。

7. 学生填写学习单上最后部分的"再分类"模块，再对照整个学习单填写过程，总结学习内容，分享自己的植物器官分类"进化"过程。

8. 植物为何要把自己的器官变成另外一种样子呢？师生进行讨论，带入植物器官变态的概念。进而请学生思考：能够发生器官变态的植物还有哪些？植物器官发生变态的原因是什么？对植物本身会产生怎样的作用？引导学生提升对植物器官变态概念的理解力、体会植物为生存繁衍而适应环境的"智慧本领"。

植物四季课堂

参考文献

[1] 周建华，2007.植物的变态营养器官[J].生物学教学 (03):64-65.

拓展

● 根据学生认知能力，可以列举更多的植物器官变态类型，比如玉米植株的支柱根、兰花的气生根；公园里爬山虎的茎卷须和山楂树的茎刺等，开阔学生视野，帮助他们拓宽对植物器官变态的认知广度。对高年级的学生，还可进行土豆和红薯的水培实验，通过二者发芽的过程观察，能对土豆芽眼中腋芽形成的新植株和红薯发育出的不定芽和不定根产生真实生动的认识。

养蚯蚓 制堆肥

简介

学习用厨余垃圾进行蚯蚓堆肥的方法，理解它在土壤改良方面的价值。

关联学科

生命科学，环境科学，土壤学。

概念

1. 人类的生活和生产需要从自然界获取资源，同时会产生废弃物，有些垃圾可以回收利用。

2. 以蚯蚓为代表的分解者在生态系统中具有重要的地位，如果没有分解者，生态系统的物质循环功能将终止，生态系统将会崩溃。

3. 蚯蚓粪便能够为植物提供直接营养，同时蚯蚓粪便也是具有团粒结构的土壤，对作物生长发育有较好的促进作用。

技能

观察能力，探究能力，搜集信息能力，总结归纳能力，分析能力。

材料

蚯蚓堆肥箱，蚯蚓，椰砖，报纸，树叶，透明整理箱，花盆，蚯蚓肥，园田土，发酵鸡粪肥，水桶，剪刀，园艺铲，大烧杯，厨房秤，托盘，铅笔。

时间

活动 A：90 分钟；活动 B：90 分钟。

两次活动课放在两周进行。

活动对象

小学 2～6 年级。

活动目标

通过参与蚯蚓堆肥箱的制作和探究蚯蚓肥的特点，掌握蚯蚓堆肥的方法，发现蚯蚓堆肥的优良特性，愿意使用蚯蚓堆肥的方式回收家庭厨余垃圾。

评估方式

- 实践操作，可以在引导学生制作蚯蚓床、分拣食材以及蚯蚓肥特点探究实验等操作过程中，观察学生操作的规范性和参与度。
- 学习单，审核学生学习单的填写是否准确、详细。
- 写信，请学生尝试给农民伯伯写一封信，说服他们放弃化肥，改用蚯蚓粪肥。

内容背景

蚯蚓是食腐性环节动物，在生态系统中处于分解者的地位，家庭厨余垃圾可经过蚯蚓的消化转变为上好的肥料，且蚯蚓粪肥优点突出，具有无异味、渗水性强、保水性好、种植果实风味佳等特点，体验蚯蚓堆肥活动，会感受到变废为宝的神奇过程。

蚯蚓堆肥箱可以用木板或塑料箱自制，也可以从专业公司购买。自制堆肥箱有几个难点需要克服，第一是排水性，在堆肥的过程中，会逐渐有液体肥渗出，而蚯蚓在浸透的堆肥中是不会待太久的。另外一个问题就是蚯蚓粪肥的收获，蚯蚓生活在食物与蚓粪的混合物中，所以如何把蚯蚓分离开会是一件比较困难的事情。

蚯蚓引入堆肥箱之前，需要为它们创造一个容身的场所，可选用椰糠、树叶、报纸等混合在一起，制作成湿润的蚯蚓床，之后再放入蚯蚓。正常状况下，蚯蚓每天大约可以消耗1/2至自身重量的厨余，但刚放入的蚯蚓需要1～2周时间适应，在此期间可暂不投喂，之后保持观察，逐渐增加食量。切记投喂太多、太频繁，蚯蚓消化不完容易腐烂变臭。生菜、香蕉皮、苹果皮、咖啡渣、茶包等厨余均适宜投放在堆肥箱，柑橘类、洋葱、辣椒、肉类等高蛋白、高脂肪食品不宜投放。

准备工作

- 复印"学生使用的学习单"。

- 购买或制作蚯蚓堆肥箱，并找一个合适的场所放置。蚯蚓堆肥最适宜的温度是20℃左右，低于10℃会降低工作效率，北方地区在冬季需放置于室内或温室大棚。

- 蚯蚓可以从淘宝鱼饵商店购买，或是从其他堆肥爱好人士处分享获得，堆肥比较适宜的蚯蚓品种是杂交赤子爱胜蚓大平二号。

活动过程

活动 A——

1. 教师提问大家是否吃过了早饭（午饭）吗？有没有注意到准备早餐的过程中，厨余垃圾的去向？

2. 对于学生回答的"扔到垃圾桶"的方式，教师追问是否还有更合适的做法？点明厨余垃圾可回收利用，用于蚯蚓堆肥的价值和意义。

3. 引导学生通过看、摸、闻等方式，将蚯蚓粪肥样品从园田土、发酵粪肥、蚯蚓肥、化肥四种中识别出来。

4. 引导学生总结蚯蚓肥的特点。第一个特点是无异味，这一特点可以解除很多人担心蚯蚓堆肥有味的顾虑。第二个特点是渗水性好。为学生提供实验用品，学生可进行实验，向同等体积的蚯蚓肥和园田土浇水，观察渗水快慢的方式获取认知。学生发现该特点之后，教师追问为什么？由此引出蚯蚓粪肥团粒结构和普通土壤单粒的图像呈现。蚯蚓肥第三个特点是保水性好，为学生展示教师设计的蚯蚓粪肥和鸡粪肥保水性实验数据，学生分析数据，得出结论。第四个特点是肥力壮，蔬果味道好，可以让学生尝试设计种植实验，为进一步探究埋伏笔。

5．蚯蚓粪肥拥有诸多优点，但是如何才能收集到蚯蚓粪呢？由此问题引入蚯蚓床的制备方法——椰砖和蚯蚓粪混匀，加上树叶碎片和报纸碎片，加入适当水分。

6．学生分组处理树叶和报纸，教师处理椰砖和蚯蚓粪，同时完成后教师演示在堆肥箱中铺上蚯蚓床的过程。如果时间、条件允许，也可以一组使用一个蚯蚓堆肥箱。

7．学生分组将蚯蚓放置到蚯蚓床上，其他小组填写学习单。

8．教师组织学生进行分享，通过此次活动有什么收获？有什么体会？有哪些感受？

9．教师布置小作业，学生课下搜集资料，第二周带合适的食材投喂蚯蚓。

活动 B——

1．教师询问学生是否携带食材？组织学生进行分享。

2．请学生依据分享情况，总结和归纳资料搜集的方式，大家用了哪些方式？还有哪些方式？哪种方式更好、更能搜集到可靠的信息？

3．展示教师搜集资料的结果，请学生自学，然后由教师解释原因。

4．引导学生进行食材初步分拣，并依据对比实验的理念，对一半食材进行切碎处理，另一半不做处理。可以向学生提问，如果切碎食材会有什么结果？会影响进食的速度吗？是否可以设计对比实验进行验证？

5．食材处理完毕后，教师进行收集，观察结束后再进行投喂。

6．组织学生对蚯蚓进行观察，观察前明确观察注意事项，如工具使用方法、采用科学用语进行细致、准确的描述等。鼓励学生通过观察，获得新发现。

7．组织学生进行分组观察，其他小组填写学习单，如果时间充裕，可阅读绘本《蚯蚓日记》。蚯蚓身体结构上有什么特点？为什么有的蚯蚓尾巴是黄色的？除了粉红色的蚯蚓，还能找到其他的种类么？

8．总结学习单的内容，学生分享活动收获和体会。

9. 教师提问，蚯蚓对于森林里有什么样的作用？是蚯蚓越多越好吗？引导学生思考蚯蚓作为分解者在生态系统中的作用，以及生态平衡的重要性。

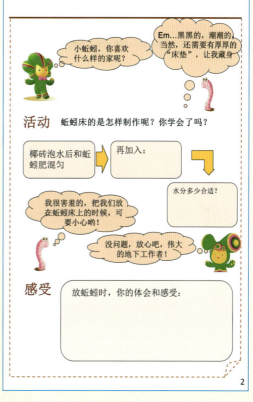

参考文献

[1] 艾米·斯图尔特，2017. 了不起的地下工作者：蚯蚓的故事 [M]. 北京：商务印书馆.

拓展

- 如果秋天开始做蚯蚓堆肥，到春天时刚好可以用收获的蚯蚓堆肥进行植物种植，可同时进行化肥组对照实验，对比二者在植物生长、果实品质以及土壤结构方面的差异。
- 可制作小生态瓶，引导学生对蚯蚓生活习性进行探究。
- 也可以组织学生探究最适宜植物生长的蚯蚓肥添加比例。

植物项链DIY

简介

动手制作美丽的植物项链,感受自然之美。

关联学科

植物学,自然艺术,劳动技术。

概念

1. 植物的花朵、叶片等器官不仅具有功能性,更具有美妙的形态特征。形式各异的植物素材是人类生活中重要的美化装饰品之一。

2. 自古以来人们就乐于将大自然中获得的植物花朵、叶片等形态优美的自然物制作饰品进行佩戴。

3. 在我们的生活中随处可见利用植物素材进行装饰美化的场景,比如餐具上的花卉图案、服饰上的植物纹样、建筑上的植物素材等等。人们在欣赏自然的过程中,建立了自然审美意识。

技能

观察比较能力,美学鉴赏能力,手工制作技能。

材料

干花素材若干(包含植物的花朵和叶片等),有机玻璃球,UV胶,紫外线灯,铁丝若干,项链绳,手工小钳子,饰品包装袋。

时间

90 分钟。

活动对象

小学 1 年级以上。

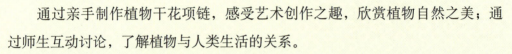

活动目标

通过亲手制作植物干花项链，感受艺术创作之趣，欣赏植物自然之美；通过师生互动讨论，了解植物与人类生活的关系。

评估方式

- 动手操作。通过学生亲自制作植物项链的过程观察学生对于制作方法的掌握情况。
- 作品展示。通过学生展示自己制作好的项链了解学生技能的应用情况。
- 交流互动。通过师生互动了解学生对于植物与人类生活关系的理解。

内容背景

自古以来，植物在人们改造自然、创造美好生活的过程中发挥着重要，在历史文化的变迁中处处可见植物的身影。即使在高度文明的今天，我们日常生活中的装置装饰都与植物素材相关，比如各种精美的植物纹饰图案、以植物为形象的各种首饰。

准备工作

- 按照上课的学生人数准备足够用的植物材料，每个同学至少 2 个干花植物。
- 每个同学一份玻璃球项链套装，包括两片玻璃球、一根细铁丝、一条项链绳和一个包装袋。
- 准备手工钳、UV 胶和紫外线灯，至少 4 个同学共用一份。
- 提前给学生进行安全教育，注意手工钳不要伤到手，紫外线灯不可以对着自己和别人的眼睛照射。

活动过程

1. 教师向学生展示用植物花材制作的手镯、戒指、项链，引导学生仔细观察并思考这些饰品的加工中用到了哪些材料，由此，引出本次活动主题。

2. 教师引导学生观察桌上提供的各种材料，并介绍这些材料就是可以制成饰品的原材料，鼓励学生思考如何将这些零散的材料制作成精美的项链。通过师生互动的形式，简要介绍制作植物项链的步骤。最后，选派学生代表复述制作植物项链的关键步骤。

3. 教师分步骤指导，学生动手操作，制作独一无二的植物项链。具体步骤如下：

步骤	内容	操作方法及注意事项	参考示意图
1	选择植物素材	引导学生们观察拿到的干花素材，尝试说一说它们分别是由植物的哪个器官而来，挑出最喜欢的素材，并说一说理由	
2	设计摆放观赏面	拿出玻璃球的一半，半球平面向上，将挑选好的花材按照美观的方式摆放在平面上，可以自己设计、调整、剪裁花材或者拼接等操作。提醒学生注意安全	
3	粘合玻璃吊坠	拿出UV胶水，沿着半球边缘空白处轻轻地、缓慢地挤压，将UV胶水涂抹到玻璃球边缘。此处提醒学生注意尽量不要让UV胶沾染到花材上，容易出现气泡	

步骤	内容	操作方法及注意事项	参考示意图
3	粘合玻璃吊坠	将另一块有机玻璃半球，用平面对平面的方式，严丝合缝的相互扣在一起，用手捏紧并固定住	
		用紫外线灯光照射涂抹 UV 胶的部位（一个地方连续照 5 秒以上），直到 UV 胶凝固为止，固定好的小球先放一边待用。此处强调紫外线灯不可以对着自己和别人的眼睛照射	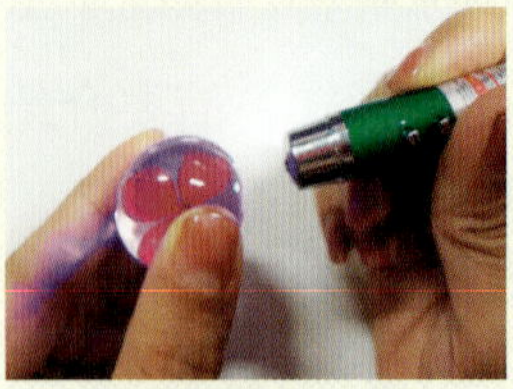
4	制作吊坠穿绳孔	拿出一小段细铁丝，在靠近一端的部位做一个拱起的小圈，形成一头长一头短的状态，如图所示	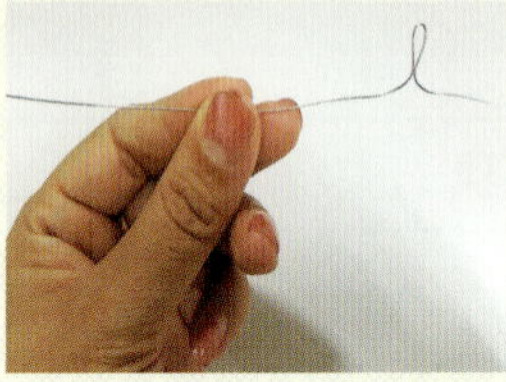
		将铁丝长的一边沿着两个半球的缝隙缠绕一圈后与顶部之前做好的拱起小圈汇合	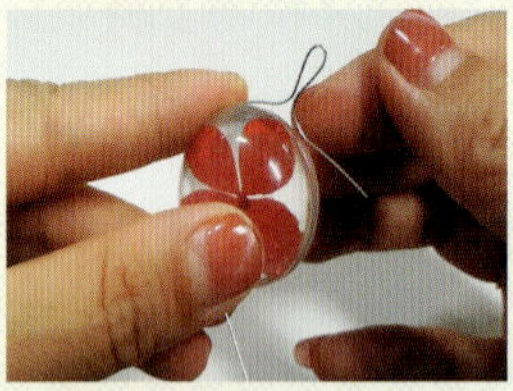
		长的铁丝边与小圈汇合后，缠绕在小圈的底部，拧 3 圈左右即可将铁丝固定在小圈上	
		将多余的铁丝头，用钳子剪掉，把小圈调整圆滑，注意钳子剪掉的铁丝端头调整到内测，避免划伤皮肤	

步骤	内容	操作方法及注意事项	参考示意图
5	穿绳包装	选择自己喜欢的项链绳，串在小圈里，放入包装袋保存	

4.学生制作完植物项链之后，教师组织学生围绕"举例说明植物与人类生活有哪些关系？""制作植物项链有哪些困难"等交流。最后，教师小结植物是人类衣食住行的重要来源，植物在人类的物质生活和精神生活方面都发挥着重要的作用。

纸上种植芽苗菜

简介

学习在纸上种植芽苗菜的方法,了解种子萌发条件。

关联学科

生命科学,环境科学。

概念

1. 在土壤里种植的蔬菜,从春天开始播下种子,其遇到适宜的温度、湿润的环境就会在土壤里萌发、长叶,如果是果菜类蔬菜,随着叶的生长,叶片数量的增多,就会开花结果。这种生长是受季节限制的,而且需要的时间也长。

2. 纸上种植芽苗菜属于无土栽培的一种方式,生长周期短,不受季节限制,不需要在其生长过程中施肥,只需要保证适宜的温度、足够的水分即可。

3. 芽苗菜生长从种子发芽开始,需要的条件是适宜的温度、水分和氧气。

技能

观察能力,操作技能,总结归纳能力。

材料

豌豆芽苗菜2盘(展示),芽苗菜种植盒,豌豆种子,垫纸,小喷壶。

时间

60分钟。

活动对象

小学 1～2 年级。

活动目标

学生了解种子发芽的过程和种子萌发的条件，学会芽苗菜的种植方法；通过亲自种植养护管理，增进与植物的感情。

评估方式

- 实践操作，可以在引导学生种植芽苗菜的操作过程中，观察学生操作的规范性和参与度。
- 学习单，审核学生学习单的填写是否准确、详细。
- 建立微信群，关注学生后续养护，通过交流了解学生对芽苗菜养护方法的掌握情况。

内容背景

随着科技的进步，兴起了一种不需要土壤的无土栽培新技术，被广泛应用于设施农业和现代农业发展中。无土栽培是人工创造的作物根系生长环境取代土壤环境，使作物可在不毛之地上进行生产的一种技术。沙漠、海滩、荒岛以及城市楼顶阳台，利用无土栽培技术都可以变成作物生长的家园。

无土栽培又可以称为营养液栽培、水耕栽培，它是将作物种植在溶有矿物质的水溶液（营养液）里，或者种植在某种栽培基质中用营养液进行作物栽培，使作物能正常地完成整个生长周期。纸上种植芽苗菜属于无土栽培的方式之一。

随着生活水平的日益提高和饮食习惯的发展变化，人们不仅关注蔬菜的供应数量，还注重蔬菜的外观、品质以及食用安全性等。而芽苗菜作为健康饮食的重要组成部分之一，自然也受到了越来越高的关注度。现如今在市场上常见的芽苗菜主要有大豆、绿豆、豌豆、蚕豆、苜蓿、香椿、荞麦、萝卜等 30 多个品种，芽苗菜鲜嫩可口，营养丰富，品质优良，可凉拌、炒食、涮火锅和做馅等，是人们喜爱的特种蔬菜。芽苗菜生长周期短，从播种到收获只需要 1～2 周，利用自身储备的养分帮助其生长，不需要在其生长过程中施肥，只需要保证适宜的温度、足够的水分即可。

准备工作

- 设计制作。打印"学生学习单"，教学PPT的准备。
- 准备教具豌豆芽苗菜2盘。
- 购买芽苗菜种植盒、豌豆种子、垫纸、小喷壶。

活动过程

1. 教师提问大家吃过芽苗菜吗？都吃过用芽苗菜做成的什么菜呢？从学生熟知的餐桌上的饮食入手，引出芽苗菜是人们喜爱的特种蔬菜，让学生对芽苗菜有初步认识。

2. 教师继续引导，今天我们就来用豌豆种植芽苗菜，但不是在土里种植，而是尝试一种新型种植方式——在纸上种植芽苗菜，激发学生的好奇心，调动学生的学习积极性。

3. 教师布置任务，分组讨论种子萌发需要哪些条件。学生观看、触摸了解豌豆种子，同时相互探讨，并结合学习单的要求先分组完成"种子萌发条件"这部分内容。

4. 各组选出代表，介绍组内探讨结果，并说明原因。随后教师进行总结，可以拿小宝宝做类比，豌豆的种子就跟小宝宝一样，想让他健康成长，首先要满足小宝宝的生理需求——吃饱喝足，提供足够的能量和水。其次要提供适宜的温度，让他觉得温暖、舒服。所以豌豆的种子生长，首先需要吸水，种子吸饱水后种皮膨胀、软化，可以使更多的氧透过种皮进入种子内部，种子不断地进行呼吸，得到能量。种子得到能量后想要发芽，需要营养物质的分解和其他一系列生理活动，这些都需要在适宜的温度下进行。因此，适宜的温度、水分和氧气是种子萌发的三个必要条件。

5. 教师指导学生动手种植芽苗菜。

步骤	图片
第一步,选种。将干瘪的豌豆种子剔除,选取完整、饱满新鲜的种子,并告诉学生选种的目的是豌豆发芽率高,而且出苗整齐、苗壮,产量又高	 饱满新鲜的种子　　干瘪的种子
第二步,清洗种子。用 20～30℃ 的洁净清水将种子淘洗 2～3 遍	
第三步,浸泡种子。用 20～40℃ 的温水浸种,加水量是种子的 2～3 倍浸没过种子,逐渐降至常温浸泡 24 小时。因种子种类不同浸种时间也会不同(荞麦需 36 小时,萝卜为 6～8 小时)。浸种结束后将种子再淘洗 2～3 遍,然后捞出种子,沥去多余水分,便可进行播种(这一步告诉学生操作方法,方便他们回家后操作)	
第四步,播种。先将育苗盘清洗干净,在育苗盘底部铺一层厨房用纸,用喷壶喷湿,放入豌豆种子,播种量以种子紧挨、平铺在育苗盘为宜,再在种子上面盖一层厨房用纸,用喷壶喷水,浇水量以育苗盘滴水为止	  播种　　　　覆盖育苗纸

6. 教师讲解学生回到家后芽苗菜的养护方法：

第一步，回到家中，放入 20～25℃的室内养护，开始在控光条件下培养。

第二步，每天用小喷壶在纸上喷水 2～3 次，保持湿度，浇水量以基纸湿润，不大量滴水为宜。3～4 日后，芽苗挺立，高度达 1～2cm 时，揭去上层盖纸，放到有阳光的地方培育。

第三步，一般经过 7～10 天，长到 10～15cm 时豌豆芽苗菜就可以采收了。

第四步，采收之后，继续按照前面的方法养护，还可再收获一茬芽苗菜。

芽苗挺立

收获芽苗菜

7. 总结学习单的内容，学生分享活动收获和体会。

参考文献

[1] 徐小莲, 2019. 我国蔬菜无土栽培现状与发展趋势 [J]. 农业工程, 9(10):121-123.

[2] 王艳杰, 2020. 有机芽苗菜生产概述 [J]. 特种经济动植物 (11):47-48.

[3] 李保林, 2018. 如何种植芽苗菜 [J]. 蔬菜世界 (12):26-28.

拓展

- 学生根据学习的种植豌豆芽苗菜的方法，举一反三尝试种植萝卜芽苗菜，自己总结出种植萝卜芽苗菜的方法，在种植过程中对比二者在植物生长方面的差异。
- 可尝试阳台种菜，通过营养液栽培的方式种植番茄等果菜。

我们一起种蒜黄

简介

通过设计对照实验和动手种植,探究影响蒜黄种植成功的关键因素。

关联学科

生命科学,园艺栽培。

概念

1. 蒜头、蒜薹、青蒜、蒜苗及蒜黄是常见的蒜类蔬菜,它们对应着蒜的茎、叶、花莛等器官和不同生长阶段。
2. 蒜可以通过鳞茎来繁殖后代。
3. 影响蒜黄种植成功的关键因素是光照。

技能

辨认识别能力,实验设计能力,动手操作能力,分析能力。

材料

大蒜蒜头每人2～3头,花盆每人2个,小铲子每2人一把,栽培用土,学习单等。

时间

90分钟。

活动对象

小学 4～6 年级。

活动目标

认识并分辨蒜头、蒜薹、青蒜、蒜苗及蒜黄 5 种蒜类蔬菜并与大蒜植株进行对应。知道蒜可以通过鳞茎来繁殖后代。设计实验探究影响蒜黄种植成功的因素。

评估方式

- 课堂表现，学生能否在教师引导下提出自己的假设并表述自己的实验设计。
- 实践操作，关注学生在栽种蒜头的过程中是否注意到栽培关键点，能否与组员协作完成种植。
- 学习单，检查学生学习单第一页填写情况，以及第二页的观察报告是否以图文并茂的方式呈现自己的结论、分析及感受。

内容背景

蒜头、蒜薹、青蒜、蒜苗及蒜黄是 5 种学生常见的蒜类蔬菜。在活动前期访谈时教师发现学生无法辨识所有蒜类蔬菜，或无法叫出准确的名字，也不太清楚其与大蒜的关系。通过实物与图片、视频的对照，帮助学生认识蒜类蔬菜，知道蒜可以利用茎来繁殖后代。

蒜黄是每家每户都会食用的蔬菜，大部分学生都吃过或见过蒜黄，活动内容贴近学生真实生活。蒜黄与蒜苗是大蒜在不同光照条件下栽培出来的，是很好的对照实验材料，且易于获得、方便养护，能在较短的周期内得到结论。学生能够根据自己的生活经验提出假设并利用家中的冰箱、橱柜、纸箱等条件或材料完成实验过程。

若学生整体程度较高，均能说出光照为影响蒜黄栽培成功的关键因素，则可以引导学生设计不同遮光程度对蒜黄栽培的影响。若学生提出各自不同的假设,则由学生根据自己的假设设计并完成实验。对于遮光材料,可以选择不透光的厚纸箱、或快递包装袋等生活中易收集的材料。若学校有条件进行较大面积的种植则可以淘宝购买农用遮光膜和支架,由学生搭建小型的蒜黄栽培拱棚。蒜黄的生长周期为3～4周,需水量较大,不会出现病虫害问题。超市购买的大蒜有可能经过辐照处理不能发芽,所以要提前购买进行预实验。大蒜应挑选蒜瓣大而饱满的作为实验材料。

准备工作

- 制作教学PPT,复印学习单。
- 购买几种蒜类蔬菜做观察及栽培材料,其中蒜头需要尝试是否能发芽,并在课前一天用清水浸泡蒜头,促进萌芽。购买栽培用土、小铲子。
- 课前布置学生陪爸爸妈妈到菜市场买菜,找找名字带"蒜"的蔬菜,并把他们拍照记录下来。
- 花盆可由学生自备。

活动过程

1. 教师提问学生在菜市场上找到几种名字带"蒜"的蔬菜呢?学生用自己拍摄的照片分享自己的发现。教师肯定学生的发现并提出这些蒜类蔬菜与大蒜有什么关系呢?它们来自不同的植物吗?学生完成学习单"辨一辨"左侧内容。

2. 教师播放李子柒的视频"大蒜的一生",要求学生用自己的话说出不同的蒜类蔬菜对应的器官和大蒜生长阶段。教师利用图片总结蒜类蔬菜与大蒜植株的关系。之后教师提问大蒜播种的是什么呢?学生发现是蒜瓣即大蒜的茎。之后引导学生对纵切后的蒜瓣进行观察,进而明确蒜可以通过茎来繁殖后代。学生将学习单"辨一辨"的左右两侧进行连线。

3. 教师提问在这个视频中怎么没有发现蒜黄呢?它是怎样种出来的呢?栽培成功的关键因素是什么呢?你会提出怎样的假设?学生先自由发言。之后教师给出提示:我们都有这样的生活经验,大白菜的外层叶色发绿而内层是黄色的;放进冰箱里保存的蔬菜时间长了忘了吃由绿变黄了;利用豆芽机种出来的豆芽是黄色的。学生再次提出自己的假设。教师在鼓励学生提出不同假设的同时，引导学生说出自己的依据。

4. 教师引导学生依据自己的假设进行实验设计。学生完成学习单"实验探究"部分。学生可能提出光照、温度、肥料等因素。之后，学生分享自己的实验设计，需要说出如何对实验组和对照组进行处理。在分享过程中，教师需要强调科学实验三原则。

5. 教师介绍大蒜栽培养护的要点：挑选健康饱满的蒜头浸泡24小时，促进萌芽。在花盆中装入盆体高度一半的栽培用土把蒜头外皮去除，分成一瓣一瓣的，尖头朝上，钝头朝下（想一想为什么？）种在土里，蒜瓣之间相互贴紧、没有空隙。覆上土，盖过蒜头2cm即可，并浇透水。学生分组进行栽种。栽种结束后指导学生回家后按照自己的假设对实验组进行处理。

6. 教师布置学生完成学习单"观察报告"部分，观察报告需要用图片和文字展现自己的实验结果。并尝试对实验结果进行分析，同时描述自己的感受。

7. 三周后在一次课的开始时由几位学生分享自己的观察报告，之后由学生共同得出结论。最后引导学生思考为什么蒜黄的叶子是黄色的？与什么结构有关系呢？

参考文献

[1] 李华军，王松娟，王尊红，等，2013. 浅谈蒜黄栽培技术 [J]. 中国果菜 (09):25-26.

拓展

● 可以引导学生在得出正确结论后扩大栽培数量，并用自己栽培的蒜黄给家人做一道菜。亦或将蒜黄、蒜苗分别制作叶片横切装片进行显微观察，帮助学生从微观层面理解蒜黄、蒜苗颜色不同的本质。